COMITÉ INDUSTRIEL ET COMMERCIAL DE NORMANDIE

FRÉDÉRIC GERRIÉ

RAPPORT

SUR SA

MISSION EN INDO-CHINE

(Années 1887-1888).

ROUEN
IMPRIMERIE LÉON DESHAYS
EMILE DESHAYS ET Cie, SUCCrs.

1888

MISSION EN INDO-CHINE

Comité Industriel et Commercial de Normandie

FRÉDÉRIC GERBIÉ

RAPPORT

SUR SA

MISSION EN INDO-CHINE

(Années 1887-1888).

ROUEN
IMPRIMERIE LÉON DESHAYS
Emile DESHAYS et Cº, Succrs.

1888

PALAIS DU GOUVERNEUR GÉNÉRAL DE L'INDO-CHINE, A SAIGON

A MONSIEUR THOUROUDE

Président du Comité industriel et commercial de Normandie

A MM. LES MEMBRES SOUSCRIPTEURS A MA MISSION.

MESSIEURS,

Aussitôt après avoir acquis auprès de vous les notions indispensables à une étude sérieuse de la question cotonnière en Indo-Chine, je quittai Rouen et m'embarquai à Marseille, le 18 décembre 1887. Je me rendis directement à Saïgon, centre de tous les pouvoirs administratifs et de tous les renseignements officiels depuis que l'unité Indo-Chinoise a été créée. Ce n'est pas que je considère l'Administration comme un guide toujours bien éclairé en matière commerciale, mais j'estime qu'elle peut en certains cas faciliter les recherches; et je suis heureux aujourd'hui de rendre publiquement hommage au précieux concours que n'a cessé de me prêter l'honorable M. Constans, gouverneur général de l'Indo-Chine. Le tissu étant le plus important des produits d'importation d'Europe en Indo-Chine, M. Constans s'intéressa aussitôt à votre démarche et à ma mission, et, lorsque survinrent les protestations de la presse et des négociants contre l'application du tarif général des douanes à l'Indo-Chine, il soutint toujours, comme il l'a soutenu tout récemment à Paris dans un banquet qui lui a été offert, il soutint, dis-je, que les produits de notre industrie nationale devaient être protégés contre la concurrence étrangère.

Accrédité par lui auprès de M. Fontaine, directeur général des douanes, je pus assister au déchargement d'un navire venant de Singapore et uniquement chargé de cotonnades à destination de Cholen. Ainsi que vous le montrera le tableau annexe n° 1, toutes ces cotonnades étaient expédiées à des maisons chinoises de Cholen. Les ballots et les caisses furent ouverts devant moi, et je pris un échantillon des différents tissus importés, en même temps que je me renseignai sur leur longueur, leur largeur et leur poids, leur mode d'emballage et leur prix. Je fis naturellement mes réserves quant aux prix qui me furent donnés par les *compradores* des différentes maisons chinoises. J'aurai à vous dire plus loin le rôle que joue le *comprador* dans la vie commerciale en Indo-Chine. Pour le moment, c'est un simple représentant. Toutefois j'ai pu me rendre compte que les prix, qui me furent alors donnés par les *compradores* et confirmés par le chinois qui leur sert d'interprête officiel choisi par le Gouvernement, étaient exacts.

Le tableau annexe n° 1 et les échantillons qui l'accompagnent vous montreront suffisamment, Messieurs, l'importance des renseignements ainsi obtenus, dès mon arrivée à Saïgon, par l'intermédiaire de l'Administration. J'ajouterai qu'ils furent pour moi un guide précieux, lorsque quelques jours plus tard je m'adressai aux négociants de Saïgon et de Cholen, dont le scepticisme à l'endroit de ma mission semblait présager un mauvais vouloir de leur part.

Il ne sera peut-être pas sans intérêt pour vous de connaître les causes diverses de cette hésitation dans leurs bonnes dispositions.

A peine le tarif général des douanes venait-il d'être appliqué à l'Indo-Chine, que les négociants de Saïgon adressèrent au sous-secrétaire d'Etat aux Colonies la lettre de protestation que vous connaissez. Lorsque j'arrivai à Saïgon, leur émotion ne s'était point calmée, leurs griefs n'avaient pas disparu. Après avoir exprimé au Gouvernement leur mécontentement et le prétendu préjudice que leur causait cette mesure, ils furent très-heureux, je crois, de pouvoir rééditer leurs griefs auprès du représentant de ceux qui avaient dû le plus largement contribuer à l'application du tarif général.

Leur argumentation reposait sur ce fait relaté dans la lettre de la Chambre de Commerce de Saïgon à M. Etienne, à savoir que, malgré l'application du tarif général, les cotonnades françaises coutaient encore 25 p. °/o plus cher que les cotonnades de toute autre provenance. Je n'étais pas encore en mesure de contester ce fait d'une façon absolue; mais j'en avais assez appris à la douane pour émettre des doutes, et j'engageai vivement les négociants à se rendre chez moi et à examiner les prix des divers tissus que j'avais exposés dans une des chambres de l'hôtel Laval. Ils vinrent les uns après les autres et purent constater que certains de vos tissus arriveraient à se vendre au lieu et place de leurs similaires, dont la vente était courante et considérable en Cochinchine, à condition toutefois d'y apporter certaines modifications quant au métrage et au pliage.

Mais j'eus à lutter contre une nouvelle prévention de la part de ces négociants, prévention d'une nature plus délicate et beaucoup plus difficile à détruire, pour ne pas dire impossible.

« Les industriels normands que vous représentez sont décidés, dites-vous, à se conformer aux modifications qu'exige le marché de l'Indo-Chine, et à adopter les usages commerciaux de ce pays. Vous n'êtes pas le premier qui vienne nous tenir ce langage et solliciter nos renseignements et nos ordres. Depuis plusieurs années, la Normandie, les Vosges etc., nous envoient périodiquement des représentants de l'industrie cotonnière, et il n'y a pas si longtemps que le même comité que vous représentez envoyait ici M. Weil-Wormser avec la même mission que vous. Nous comprenons jusqu'à un certain point que les industriels normands et autres n'aient pas ajouté une foi entière en nos renseignements, lorsque nous adressant à eux directement, nous leur avons indiqué les modifications à apporter. Ils ne connaissaient ni le degré d'honorabilité, ni le degré de compétence de chacun. Mais ces délégués, qu'ils nous ont envoyés et qui devaient être plus ou moins spécialistes en matière de cotonnades, ont pu se rendre compte par eux-mêmes. Nous leur avons fourni tous les renseignements possibles; nous leur avons même donné des ordres. Quel a été le résultat de leurs démarches et des nôtres ? Nos ordres n'ont jamais été exécutés, causant ainsi un grave préjudice à nos maisons qui avaient pris des engagements envers des clients chinois très-susceptibles en matière de ponctualité. Lorsque, par exception, nos ordres étaient exécutés, ils l'étaient avec un tel retard que les marchandises nous restaient pour compte.

Ainsi, tous nos efforts pour introduire les cotonnades françaises en Indo-Chine sont restés stériles, lorsque ces mêmes efforts n'ont pas été exploités contre nous. Eh ! oui, exploités contre nous. Sous le couvert d'une mission d'intérêt national, ces délégués sont venus ici. Nous les avons accueillis sans défiance et leur avons prêté notre concours le plus dévoué. De telle sorte qu'ils ont pu moissonner en quelques semaines tous les renseignements que nous avons mis plusieurs années à obtenir. Nous leur avons fait partager le fruit d'une expérience pénible et coûteuse. Et comment en avons-nous été récompensés ? Ceux-là mêmes que nous avions si bien renseignés sont aujourd'hui des concurrents établis à nos portes. Tels, MM. Ferret, Paul Beer, Leriche et Ce, Weil-Wormser dont le retour nous est annoncé. C'est donc un métier de dupes que nous avons fait là, et nous ne fournirons certes pas de nouvelles armes pour nous battre ».

Tel est le langage que me tinrent les négociants de Saïgon. Il était contraire à vos intérêts et aux miens, mais j'avoue qu'il me fut impossible de ne pas en reconnaître la justesse. Dans tous les cas, il avait le mérite de me montrer d'une façon nette et précise ce que je pouvais espérer. Je ne me tins pas pour battu, et prenant une nouvelle orientation inspirée par les circonstances et l'esprit des négociants, j'adoptai la ligne de conduite que les négociants du Tonkin animés des mêmes dispositions que ceux de Saïgon m'amenèrent à exposer dans une lettre au *Courrier de Haïphong*.

Je ne fus pas longtemps à constater que le commerce des cotonnades était pour les neuf dixièmes au moins concentré à Cholen qui est le vrai centre commercial de la Cochinchine, du Cambodge et d'une partie du Laos, et à constater en outre que ce commerce se trouvait entièrement entre les mains des Chinois. J'exprimai donc aux négociants français de Saïgon ma surprise de les voir protester avec autant d'énergie contre cette application du tarif général qui allait cependant leur permettre de se livrer à un commerce dont-ils avaient été exclus jusqu'à ce jour. Et je leur citai cette réflexion de M. Speidel, chef de la maison allemand, Speidel et Ce.

« Jusqu'à ces derniers temps, me disait M. Speidel, je n'ai importé que fort peu de cotonnades. Les Chinois de Cholen expédient à Singapore du riz, qui leur est payé en cotonnades. Désormais cet échange de produits va être entravé d'une façon sérieuse. L'équilibre des prix sera sans doute rétabli en faveur des cotonnades françaises, grâce au tarif général. En second lieu, les Chinois se montrent fort ennuyés d'être dans la nécessité de débourser en espèces sonnantes 40 à 60 p. % de la valeur des marchandises qu'ils reçoivent et qu'ils sont obligés de vendre à terme à la clientèle indigène. Sous le rapport de l'importation des tissus de coton, je n'ai donc qu'à gagner à l'application du tarif général. Les Chinois ne renonceront certainement pas à exploiter une des branches les plus importantes de l'exportation européenne en Indo-Chine; mais ils seront désormais obligés d'avoir recours aux maisons européennes établies dans le pays; car je doute fort que les maisons de Singapore et de Hong-Kong se décident à acheter des cotonnades françaises pour leurs échanges? »

Ces entraves, qui vont amener les Chinois, nous avons toute raison de l'espérer, à importer des tissus français, existent aussi pour les Malabars entre les mains desquels se trouve centralisé le commerce des tissus pour robes et chemises, indiennes diverses.

Nos négociants, me dis-je, sont trop intelligents pour ne pas avoir songé à tirer parti de ces circonstances favorables, et ne pas avoir cherché les moyens d'attirer à eux un commerce aussi important que celui des cotonnades. D'ailleurs, la crise économique que subit la Cochinchine par suite de la réduction des effectifs et des appointements des fonctionnaires, et par suite de l'emprunt de dix millions de francs que le Gouvernement de l'Indo-Chine a fait à son budget local pour les affecter au service du Tonkin, cette crise économique, dis-je, ne leur en montre-t-elle pas la nécessité? Certes oui. Aussi ne fus-je nullement surpris de voir que chacun des négociants français s'était individuellement et directement adressé à l'industrie française pour se mettre en mesure de lutter avec la concurrence. Lorsque leurs préventions à mon égard eurent pris fin, et qu'ils reconnurent en moi un auxiliaire et non un concurrent, je fus mis au courant des tentatives diverses qu'ils avaient faites dans ces derniers temps sur la place de Rouen même, et qu'ils m'avaient soigneusement cachées à mon arrivée. Mais je ne pus jamais les décider à me donner un ordre ferme. Ils s'offrirent à écouler les produits de votre industrie. Ce fut tout.

La maison Denis frères, de Bordeaux, qui a une succursale à Saïgon, une à Haïphong et une autre à Hanoï, fut la première à se mettre à ma disposition. Elle me montra les types de tissus écrus et blanchis qu'elle avait fait fabriquer à Rouen suivant ses indications, m'en montra les imperfections, et me fit accompagner à plusieurs reprises à Cholen par un de ses principaux employés, M. Schneegans, et un interprète chinois attaché à la maison. M. Fonsal, le digne représentant de la maison Denis à Saïgon, est président de la Chambre de Commerce de cette ville; et sur sa recommandation, M. Lamouroux, le sécrétaire de la Chambre de Commerce, me fournit tous les renseignements que je lui demandai.

M. F. Praire, un négociant français établi depuis plusieurs années à Saïgon et qui s'est particulièrement occupé de l'importation des cotonnades, fut non moins empressé.

Avec eux et en dehors d'eux j'ai examiné minutieusement pendant plusieurs semaines les boutiques de Saïgon et de Cholen, et voici les renseignements que je rapporte sur le commerce des tissus de coton en Cochinchine. Ils sont la résultante des renseignements contradictoires puisés en Cochinchine et vérifiés à Singapore, qui est le grand marché auquel s'approvisionnent la Cochinchine et le Cambodge.

TISSUS DE COTON

arrivés de Singapore à la douane de Saïgon le 25 janvier 1888, par le navire anglais le GEELONG.

Tableau annexe n° 1

NOM DE L'ACHETEUR.	RÉSIDENCE.		
			Dollars.
Bun-Seng-Soon.	**Cholen.**	61 balles de tissu écru.............	8.500
		18 caisses de tissu blanchi..........	2.350
			10.850
		DÉTAIL. 9 *balles de* 100 *pièces*, coton écru. — Marque : Guthrie et C°. Anana bleu imprimé. — Prix : de $ 1.40 à $ 1.45 (de 5 f. 53 à 5 f. 72 3/4). (Ce prix, comme tous ceux qui seront désignés plus bas, est le prix net à Singapore. Il faut y ajouter le fret de Singapore à Saïgon, l'assurance, frais divers et droits de douane). 16 *balles de* 100 *pièces*, coton écru.— Marque : Boustead, Pennang et Singapore. Un Coq rouge, n° 33.— Prix : de $ 1.50 à $ 1.55 (de 5 f. 92 1/2 à 6 f. 12 1/4.) 10 *balles de* 100 *pièces*, coton écru. — Marque : Guthrie et C°. Un Eléphant rouge S. — Prix : de $ 1.50 à $ 1.55. 16 *balles de* 100 *pièces*, coton écru. — Marque : W.-R. Scott et C°. Singapore, un Cerf bleu, n° 3. — Prix : $ 1.50. 15 *balles de* 100 *pièces*, coton écru.— Marque : un Coquillage rouge.— Prix : de $ 1.30 à $ 1.40. 4 *caisses de* 100 *pièces*, *coton blanchi*. — Marque : Rhinocéros bleu. Prix : $ 1.05. 10 *caisses de* 100 *pièces*, coton blanchi. — Marque : le Coq bleu.— Prix : de $ 1.05 à $ 1.20. 1 *caisse de* 100 *pièces*, Madapolam. — Marque : deux Aigles bleu.— Prix : de $ 1.40 à $ 1.45. 3 *caisses de* 100 *pièces*, rouge d'Andrinople. — Prix : $ 1.15.	
Sune-Gaan.	**Cholen.**	37 balles coton écru..............	$3.750
		11 caisses coton blanchi...........	750
			4.500

NOM DE L'ACHETEUR.	RÉSIDENCE.	
Keah-Hing.	**Cholen.**	DÉTAIL. 16 *balles de* 100 *pièces*, coton écru. — Marque : un Pélican noir.— Prix : de $ 1.50. 3 *balles de* 100 *pièces*, coton écru. — Marque : un Eléphant rouge.— Prix : de $ 1.50 à $ 1.55. 18 *balles de* 100 *pièces*, coton écru.— Marque : un Coquillage rouge. Prix : de $ 1.30 à 1.40. 9 *caisses de* 100 *pièces*, coton blanchi. — Marque : Madapolam, deux Cerfs en bleu.— Prix : $ 1.50. 2 *caisses de* 50 *pièces*. — Marque : un Ananas rouge.— Prix : $ 2.70. 23 balles de 100 pièces, coton écru. $ 3.250 6 caisses id., coton blanchi. 750 $ 4.000
Soon-Kee.	**Cholen.**	DÉTAIL. 4 *balles de* 100 *pièces*, coton écru. — Marque : Guthrie et C°. *Ananas bleu*, n° 3.— Prix : $ 1.45. 7 *balles de* 100 *pièces*, coton écru. — Marque : W.-R. Scott et C°. Singapore. *Tête de Cerf bleu.* — Prix : de $ 1.45 à $ 1.50. 4 *balles de* 100 *pièces*, coton écru.— Marque : *un Eléphant rouge.*— Prix : $ 1.55. 2 *balles de* 100 *pièces*, coton écru. — Marque : *un Paon bleu*, n° 3. Guthrie et C°.— Prix : $ 1.50. 6 *balles de* 100 *pièces*, coton écru. — Marque : *Coquillage rouge.* Boustead et C°.— Prix : $ 1.40. 3 *caisses de* 100 *pièces, coton blanchi.* — Marque : un Coq bleu. — Prix : $ 1.40. 3 caisses de 100 pièces, coton blanchi. — Marque : deux Aigles en bleu.— Prix : $ 1.40. 26 balles de 100 pièces, coton écru. $ 3.750 6 caisses, id., coton blanchi. 750 $ 4.500
		DÉTAIL. 4 *balles de* 100 *pièces*, coton écru. — Marque : *un Paon bleu.*— Prix : $ 1.40. 12 *balles* de 100 pièces, coton écru.— Marque : *Coquillage rouge.*— Prix : de $ 1.30 à $ 1.40. 10 *balles* de 100 pièces, coton écru. Marque : *Ananas bleu*, n° 3, Guthrie et C°.— Prix : $ 1.45.

NOM DE L'ACHETEUR.	RÉSIDENCE.	
		4 *caisses de* 100 *pièces, coton blanchi.* — Marque : *un Coq bleu.* — Prix : $ 1.40. 2 *caisses* de 100 pièces, coton blanchi. — Marque : *deux Aigles en bleu.* — Prix : $ 1.40.
Thye-Hing (Hog-Chiou).	**Cholen.**	77 balles de 100 pièces, coton écru. $ 10.780 7 caisses id., coton blanchi. 110 2 caisses id., coton écru.... 240 $ 11.930 DÉTAIL. 14 *balles* de 100 pièces, coton écru. — Marque : *Eléphant rouge S*, Guthrie et Co. — Prix : $ 1.50. 11 *balles* de 100 pièces, coton écru. — Marque : *Pélican noir.* — Prix : de $ 1.50 à $ 1.55. 18 *balles* de 100 pièces, Coquillage rouge, coton écru. — Marque : Boustead et Co. *Coquillage rouge.* — Prix : $ 1 40. 18 *balles* de 100 pièces, coton écru. — Marque : *Tête de Cerf*, *n*o 3. Thomas Barlow et Co. — Prix : $ 1.50.
Kuck-Heng.	**Cholen.**	2 *caisses de* 100 *pièces, rouge Andrinople.* — Marque : *les deux Faisans.* — Prix : $ 1.15. 2 *caisses de* 100 *pièces, coton blanchi*, $ 270. — Marque : *les deux Aigles en bleu.* Madapolam. — Prix : de $ 1.35 à $ 1.40.
Kun-Wat.	**Cholen.**	17 balles de 100 pièces, coton écru.. $ 2.400 3 caisses id., coton blanchi. 400 $ 2.800 DÉTAIL. 8 *balles* de 100 pièces, coton écru. — Marque : *Tête de Cerf*, *n*o 3. — Prix : 7 *balles* de 100 pièces, coton écru. — Marque : *l'Ananas bleu.* — Prix : $ 1.45. 2 *balles* de 100 pièces, coton écru. — Marque : *Paon bleu*, *n*o 3. Guthrie et Co. — Prix : $ 1.50. 1 *caisse de* 100 *pièces, coton blanchi.* — Marque : *les Deux Aigles.* Madapolam. — Prix : $ 1.40. 2 *caisses* de 100 pièces, coton blanchi. — Marque : *Coq bleu.* — Prix : $ 1.40.

NOM DE L'ACHETEUR.	RÉSIDENCE.	
Swong-hong-Sing	Cholen.	14 balles de 100 pièces, coton écru. $ 2.380 8 caisses id , coton blanchi. 1.120 $ 3.500 DÉTAIL. 10 *balles* de 100 pièces, coton écru.—Marque : *Coquillage rouge, Boustead et C°.*—Prix : $ 1.40. 12 *balles* de 100 pièces, coton écru.— Marque : *Pélican noir*, *n°* 440.— Prix : $ 1.50. 2 *balles* de 150 pièces, coton écru.— Marque : *l'Aigle en bleu*, n° 200.— Prix : $ 0.90. 10 *balles* de 100 pièces, coton écru.— Marque : 440. *Le Soleil noir*. Patersons, Simons et C°. — Prix : $ 1.55. 6 *balles* de 100 pièces, coton écru. — Marque : *un Cygne noir*, *n°* 440.— Prix : $ 7 *caisses* de 100 pièces, coton blanchi. — Marque : Madapolam. *Deux Têtes de Cerf.* — Prix : $ 1.50.
Meng-Hong.	Cholen.	79 balles de 100 pièces, coton écru. . $ 10.370 8 caisses id., coton blanchi. 880 2 caisses id., tissu Andrinople. 240 $ 11.390 19 *balles* de 100 pièces, coton écru.— Marque : *Pélican noir*, *n°* 440. — Prix : $ 1.50. 22 *balles* de 100 pièces, coton écru. — Marque : *Coquillage rouge.* — Prix : $ 1.40. 18 *balles* de 100 pièces, coton écru. — Marque : *Tête de Cerf en bleu*, *n°* 3. — Prix : $ 1.50. 20 *balles* de 100 pièces, coton écru.— Marque : *Coq bleu D* 400.— Prix : $ 1.50. 6 *caisses* de 50 pièces, coton blanchi. — Marque : *Tête de Cerf bleu.* Thonurs Barlow, Singapore.— Prix : $ 2.80. 2 *caisses* de 50 pièces, coton blanchi. — Marque : N° 400. *Gilfillan Wood et C°.* — Prix : $ 2.80.

COCHINCHINE

Ainsi que vous pourrez le constater par le tableau annexe n° 2, qui donne un état de l'importation des différents articles en Cochinchine, et par le tableau ci-dessous, le plus important des produits d'importation d'Europe dans cette partie de l'Indo-Chine est sans contredit le tissu. La cotonnade anglaise proprement dite y est entrée pour 1,131,578 piastres en 1879, pour s'élever à 1, 327, 231 piastres en 1880, et 1,908,285 piastres en 1886.

COTONNADES IMPORTÉES EN COCHINCHINE DE 1879 à 1886

	1879	1880	1881	1882	1883	1884	1885	1886
Coton écru. .	$ 807.468	430.971	1.003.997	....	....	....	....	....
Coton blanchi	524.110	892.973	265.611	....	....	....	....	....
Total. .	1.721.578	1.323.944	1.569.608	1.685.904	1.767.779	2.631.149	1.735.442	1.908.285

Ces cotonnades servent de véritable monnaie d'échange entre les importateurs et les indigènes auxquels ils achètent les produits du sol. Et c'est ce qui a fait craindre aux négociants de Saïgon et de Cholen que l'indigène n'augmente de son côté le prix des denrées qu'il donne en contre échange, si le prix des marchandises d'échange est augmenté par un impôt douanier, et qu'il ne s'en suive une diminution dans l'exportation du riz, qui constitue la principale exportation de la Cochinchine et la principale source de richesses de cette colonie.

Les exportations de riz se sont élevées, en effet, de 1864 à 1886, de cent mille à huit millions de piculs. Le gouvernement de la Cochinchine perçoit à la sortie des riz une piastre par picul.

C'est cette source de revenus considérables qui lui a permis d'atteindre l'équilibre de son budget sans aucune subvention de la métropole, d'exécuter de grands travaux publics, d'assainir le pays et d'élever ces somptueux monuments, dont la photographie ci-dessous vous donnera l'idée, et qui fait de Saïgon la ville la plus coquette de celles qu'on trouve sur la route d'Extrême-Orient.

Si les indigènes sont obligés d'augmenter le prix du riz, n'est-il pas à craindre, disent les négociants, que ce développement constant de la culture du riz ne diminue au lieu de s'accroître? Les riz de la Cochinchine pourraient-ils lutter désormais avec les riz de Siam et ceux de Rangoon qui sont de qualité plus marchande, quoique moins riches en substances nutritives ? Alors, adieu à cette manne dorée qui emplissait les coffres des entrepreneurs et des fournisseurs du Gouvernement.

Je ne crois pas fondées les craintes de ces négociants, en tant qu'il s'agit des cotonnades. D'après ce que j'ai vu en dehors de Saïgon, dans la province de Baria par exemple, je puis dire que ce n'est pas la surélévation des prix, que les cotonnades auront à subir par suite de l'application du tarif général, qui éloignera l'indigène de la culture de ses rizières. L'Annamite les cultivera et les agrandira même, s'il en est besoin, pour assurer son existence. Il ne travaille pas pour faire des économies et s'enrichir. mais il travaille pour vivre. D'ailleurs, est-ce vraiment une nécessité inéluctable que l'Annamite paie plus cher les cotonnades? Je dis : non.

A mon retour à Saïgon, en avril, le gouverneur général voulut bien me communiquer un numéro du *journal officiel* reproduisant le si intéressant discours que M. Richard Waddington prononça à la Chambre des députés, dans la séance du 11 février. J'en détache le passage suivant :

« A Monkaï, le premier marché du Yunnan et le centre d'af-
« faires le plus près de notre frontière, les marchandises et no-
« tamment les cotonnades d'Europe se vendent dans cette ville
« deux fois plus cher qu'à Hanoï, c'est-à-dire que le fait du trans-

« port sur la rivière rouge, de Hanoï jusqu'à Laokaï et Monkaï, « double la valeur de la marchandise et augmente son prix « de 100 p. 0/0.

« Je vous demande dans ces conditions, ce que signifie un « droit de cinq centimes par mètre qui, comparé au prix de « là-bas, représente une plus value de 10 à 12 p. 0/0 peut- « être ».

En Cochinchine les frais de transport sont beaucoup moins onéreux. Mais voici ce que j'y ai appris et de mes yeux vu.

En quittant la province de Baria, je fus obligé de m'arrêter quelques heures au Cap Saint-Jacques, à l'embouchure du Donaï, attendant une goëlette qui devait me transporter à Cangiou, de l'autre côté du fleuve. Je fis là la connaissance de l'agent des douanes, auquel le directeur m'avait déjà annoncé. Cet agent se trouvait être un Normand, employé jadis dans certaines filatures de votre région. Je n'ai pas son nom présent à la mémoire. Quelques-uns d'entre vous le connaissent probablement, car il s'est beaucoup occupé de l'importation des tissus en Cochinchine. Il en a même vendu une certaine quantité. Il est dans tous les cas très-expert dans la partie, et je fus vivement intéressé par sa conversation au point de prolonger mon séjour au Cap Saint-Jacques. Cet agent des douanes me prouva qu'il avait vendu quelque temps auparavant pour 4,000 francs de cotonnades à un Chinois fermier d'opium, et ce, avec un bénéfice de 250 à 300 p. 0/0. Les Chinois fermiers d'opium sont, paraît-il, les meilleurs agents de propagande pour l'écoulement des cotonnades. Dans plusieurs villages il avait vendu des mouchoirs de 20 centimes 1 fr. 50, et du coton écru 1 fr. 20 le mètre.

Dans ces conditions, c'est-à-dire lorsqu'il est possible de réaliser 200 à 300 p. 0/0 de bénéfices sur la vente au consommateur, que signifie la légère différence de prix entre les cotonnades françaises et les cotonnades anglaises? Tout en laissant de beaux bénéfices à l'intermédiaire, l'écoulement de nos cotonnades à l'intérieur de la Cochinchine serait donc chose facile, si nous avions une organisation semblable à celle des Chinois de Cholen, qui possèdent des sampans et des chaloupes à vapeur constamment en route pour approvisionner les intermédiaires dont ils se servent. Rien ne s'oppose à ce qu'une maison française ait une organisation semblable. En attendant qu'une maison française se soit créée de toute pièce, ou qu'une maison française déjà existante se soit organisée sur les mêmes bases que les maisons chinoises, il s'agit de savoir s'il est possible d'écouler nos produits auprès des Chinois de Cholen, dontles bénéfices sont bien moins élevés que ceux réalisés par leurs intermédiaires de l'intérieur.

J'examinerai donc sans plus tarder quels sont les tissus dont ils font usage, et les conditions dans lesquelles ils leur sont livrés.

La population de la Cochinchine s'élève à environ 1,500,000 individus, les Annamites formant la presque totalité de cette population. Le reste de la population se compose de Chinois, de Malabars, d'Hindous, de Chettys, de Malais et autres races diverses des Indes. Les photographies qui suivent, en même temps qu'elles vous montrent le type de ces différentes races, vous montrent également le costume porté par chacune d'elles.

Le costume du boy se compose de deux parties, un pantalon large ou mauresque, et une vareuse ample. Les deux parties sont en madapolam blanc. C'est le costume de tous les boys ou domestiques chinois et annamites. Il est aussi adopté comme toilette de nuit par bon nombre d'Européens.

Quant aux négociants chinois, ils s'habillent à peu près de la même façon, portant un costume de soie, lorsqu'ils sont riches, et un costume en madapolam blanc, s'ils sont moins favorisés de la fortune. Leurs femmes sont des Annamites et s'habillent de la même façon que celles-ci.

Les Chettys sont des Indiens qui font le métier de banquiers et de prêteurs d'argent à la petite semaine. Ils sont très-peu nombreux. On n'en compte pas plus d'une centaine à Saïgon. Les Chinois, au contraire, sont très-nombreux. Il y en a 80,000 environ disséminés un peu partout dans l'intérieur de la Cochinchine. Le plus grand nombre, une cinquantaine de mille, habitent Cholen et Saïgon.

Les Chettys s'habillent d'une façon très-sommaire. Ils enroulent autour de leurs jambes et de leur bassin une pièce de cotonnade écrue très-légère, d'une longueur qui varie de 2 à 3 mètres et qu'ils nouent à la ceinture, puis ils jettent négligemment par dessus l'épaule nue une autre pièce de cotonnade écrue de la même qualité et à peu près de la même grandeur que la première. Ils s'en servent tantôt pour éponger leur buste, tantôt pour se garantir la tête et le buste contre les ardeurs du soleil. Cette cotonnade écrue dont l'échantillon M 1, vous montrera la qualité correspondante, leur revient à 10 cents le mètre, soit 38 centimes, au change de 3 fr. 80.

Leurs femmes s'habillent comme dans leur pays avec des cotonnades indiennes; mais, à l'exemple des Malabars, il y en a fort peu qui aient leurs femmes avec eux. Ils se rendent en Cochinchine dans l'unique but de gagner de l'argent, et ils estiment que la femme est un élément dissolvant qui diminuerait trop leurs bénéfices.

Les Malabars ne s'habillent pas tout-à-fait comme les Chettys et ne portent pas les mêmes étoffes. Ils s'enveloppent bien le bas du corps à la façon des Chettys, mais avec de l'indienne ou de la cretonnette d'un dessin spécial. Ils aiment les couleurs vives. Ils portent le torse nu ou enveloppé dans un caraco d'indienne, suivant leur métier et leur situation de fortune. La pièce d'étoffe que les Chettys portent négligemment sur leurs épaules, les Malabars l'enroulent autour de la tête en forme de turban, à l'exception des marchands qui portent une culotte tissée or et fil d'aloès.

Les Malabars se livrent à plusieurs métiers, dont ilsont pour ainsi dire le monopole. Ils sont prêteurs d'argent comme les Chettys, et de ce chef la moitié des immeubles de Saïgon leur appartient. Ils prêtent aussi à nos fonctionnaires avec la garantie d'une dizaine de signatures. Et, si nous considérons le taux élevé de l'argent en Cochinchine, 12 p. 0/0 au minimum, il nous est facile de constater que les Malabars font d'excellentes affaires dans ce pays-là.

Ils sont et seront nos concurrents les plus sérieux pour l'écoulement des tissus teints et imprimés, car ce sont eux qui en ont pour ainsi dire accaparé le commerce par l'établissement de nombreux magasins de vente au détail. Je m'arrêterai un instant sur l'organisation de ces établissements, pour vous en montrer l'importance et le côté redoutable.

Des banquiers ou capitalistes de l'Inde, comme M. Aminessa, par exemple, sont les commanditaires de la plupart de ces établissements, tandis que les marchands de Singapore commanditent les autres. Les marchands malabars de l'Indo-Chine sont donc de simples agents de propagande. Il y en a fort peu qui agissent pour leur propre compte.

Les Malabars sont sobres ; ils ont peu de besoins et ils évitent toute occasion de dépenses, au point de laisser leurs femmes dans leur pays. Leurs frais d'installation et frais généraux sont très-minimes. Ils louent une petite pièce mesurant à peine quelques mètres carrés. Contre les murs ils installent des vitrines toujours pleines de cotonnades, et placent au milieu de la pièce un lit de camp recouvert d'une natte sur laquelle patrons et employés couchés ou accroupis attendent avec le flegme asiatique l'arrivée du client. A la devanture flottent des mouchoirs et des tissus aux couleurs éclatantes. C'est là toute leur enseigne.

Quelquefois cette installation est encore plus modeste et consiste uniquement en un comptoir placé dans l'enfoncement d'une porte. Le magasin est alors en plein vent, dans la rue même.

A Saïgon, je n'ai pas compté moins d'une cinquantaine d'établissements malabars ; et il n'est pas un centre tant soit peu important dans toute l'Indo-Chine où il n'y ait un, ou deux ou trois Malabars, suivant le degré d'importance de la localité. A Cholen même, qui est un centre presque exclusivement chinois, il y a plusieurs établissements malabars. Les Chinois sont cependant des concurrents redoutables en matière commerciale. Eux non plus ne font pas de grands frais d'installation et ont peut-être encore moins de besoins. N'importe, ils laissent aux Malabars le monopole du commerce des indiennes et de tous les tissus teints et

NÉGOCIANT CHINOIS, DE CHOLEN, ET SON BOY.

imprimés, car il est très-rare de trouver ces tissus chez les Chinois. Ces derniers se contentent de garder le monopole de la vente des tissus écrus et blanchis et du rouge andrinople. Ce n'est certes pas le lot le moins important, ainsi que vous le verrez plus loin.

Il y a en Cochinchine environ 2 ou 3000 Malabars qu'on s'est un peu trop empressé d'assimiler à nos colons. Et, malgré toute mon aversion pour la politique en matière commerciale, je ne puis m'empêcher, Messieurs, de vous signaler un fait politique dont vous aurez peut-être à combattre le contre coup.

Les Malabars jouent déjà un rôle bien important dans notre colonie, puisque prêteurs d'argent à des taux excessifs, ils sont détenteurs d'une grande partie de la fortune publique, et qu'ils sont, par l'établissement de leurs comptoirs, les propagateurs les plus actifs des cotonnades anglaises. Pondichéry est une ruche qui essaime une nuée de fonctionnaires malabars. Nos diverses administrations de Cochinchine en ont plus que leur part.

Là ne se borne pas le rôle des Malabars. Ce sont eux qui pèsent d'un poids décisif dans la balance des élections législatives. Et le député actuel de la Cochinchine, qui a été élu depuis mon départ de Saïgon, ne l'a été que grâce aux voix des Malabars qui se sont en masse portées sur son nom. Je ne connais pas le programme politique de M. Ternisien, mais il est tout naturel de penser qu'il aura à défendre les intérêts de ceux qui ont fait son élection. Ces intérêts, vous les connaissez. Ils sont contraires aux vôtres. Les Malabars n'ont aucune attache dans la colonie qu'ils abandonnent aussitôt après l'avoir exploitée. Cela est facheux pour la colonie. Ils apportent avec eux, il est vrai, des capitaux que la métropole ne fournit pas, et qui servent au développement du commerce et de l'industrie. Il y a là compensation, dira-t-on. Cela est admissible. Ce qui l'est moins, c'est que nous ne les empêchions pas, même par des mesures prohibitives, d'être contre nous les actifs propagateurs des cotonnades anglaises dans notre colonie.

Nous trouvons en Cochinchine quelques centaines de Malais

qui conservent leur costume national, celui de la presqu'île de Malacca. Ils exercent presque tous le métier de palefrenier. Ils s'enveloppent le bas du corps d'une pièce d'indienne appelée *saro*, et conservent le torse nu; leur tête est entourée d'un turban en indienne de la même qualité que celle du *saro*.

Quant aux Européens, au nombre de plusieurs mille, ils s'habillent tous de la même façon, du 1er janvier au 31 décembre; car la température en Cochinchine est uniformément très-élevée, aussi bien dans la période humide que dans la période sèche. Ce costume consiste en un pantalon et un veston blancs. Je vous en apporte un échantillon qui vous montrera que les Européens ne sont pas les véritables consommateurs de vos produits. S'ils faisaient usage de chemises, le madapolam trouverait encore là un certain débouché; mais ils ne portent la chemise qu'avec l'habit de soirée, c'est-à-dire fort rarement. Ils se rendent même en pantalon et veston blancs à la plupart des invitations à dîner ou à passer la soirée. Un faux-col et des manchettes adaptés au veston donnent l'illusion de la chemise. Différemment, ce serait un supplice. J'ai donc le regret d'annoncer à M. Chappin que ses chemises, quelqu'en soit d'ailleurs le bon marché, ne trouveront de débouché ni en Cochinchine, ni au Cambodge, ni en Annam, ni au Tonkin.

Si les Européens ne consomment pas de cotonnades, il en est autrement des Européennes qui commencent à être nombreuses depuis l'assainissement des principaux centres, et la construction d'immeubles confortables. Elles s'habillent toutes à l'européenne et consomment à elles seules la plus grande partie des tissus teints et imprimés communément désignés sous la rubrique *articles malabars*, parceque les Malabars ont presque monopolisé la vente de ces tissus. Par *article malabar* on désigne aussi les tissus spéciaux avec lesquels s'habillent les Malabars eux-mêmes. Le reste des tissus teints et imprimés que ne consomme pas l'Européenne, est employé pour l'ameublement et très-peu pour l'habillement par les autres fractions de la population.

C'est donc l'Annamite qui reste le grand consommateur des

MALABARS.

CHETTYS.

cotons écrus et des cotons blanchis, du rouge andrinople et de quelques indiennes pour ameublement.

L'Annamite est le propriétaire du sol. Il est à proprement parler l'aborigène, depuis qu'il s'est affranchi de la Cour souveraine de Hué et a chassé de la Cochinchine les Cambodgiens qui l'occupaient primitivement. Il est intelligent et susceptible d'exécuter avec une certaine habilité certains travaux exclusivement réservés jusqu'à ce jour aux Européens. Ce qui lui fait défaut, c'est le manque d'initiative dû à son tempérament, à son éducation et au climat énervant de la Cochinchine. Il est ou propriétaire, ou cultivateur, ou lettré et fonctionnaire, mais il n'a aucun esprit commercial, et il laisse volontiers aux étrangers la faculté de l'exploiter. Qu'il appartienne à la classe des lettrés et des propriétaires, où à celle des bateliers et des ouvriers. L'Annamite est très-vaniteux et très-dépensier. Joueur immodéré, son amour du travail se limite aux nécessités de l'existence et de sa passion ; et, lorsque sa tenue laisse à désirer, c'est qu'il n'a pas les moyens de se mieux vêtir.

Le costume national des Annamites, hommes et femmes, se compose d'une grande blouse noire en coton, qui leur descend jusqu'au bas du mollet. Les lettrés, les fonctionnaires et les gens à l'aise, portent une mauresque en coton blanchi, mais la masse de la population ne la porte que dans le cas où elle substitue la vareuse chinoise à la blouse. Ils achètent le coton écru et le madapolam, puis les teignent en noir, en bleu ou en violet. Les femmes annamites portent toujours la blouse noire en coton qui tombe toute droite et sans plis. Le coton est remplacé par la soie, mais les jours de fête seulement et par les gens riches. Au Tonkin il existe, parait-il, une loi somptuaire qui oblige les Annamites à ne faire usage que de vêtements sombres. La Cour de Hué veillerait même à une stricte exécution de cette loi qui permet d'établir, à première vue seulement, une distinction entre les différentes classes de la société. Mais l'Annamite étant depuis bon nombre d'années affranchi du contrôle de la Cour de Hué, s'inquiète fort peu de l'application de cette vieille coutume annamite, et affiche souvent des couleurs voyantes.

En résumé, voici l'énumération des tissus qui se vendent couramment en Cochinchine.

Les cotons écrus et blanchis forment les trois quarts de l'importation des cotonnades qui, nous l'avons vu, s'est élevée à 1,908,285 piastres en 1886, soit : au change de 3 fr. 95, 7,537,725 fr. 75. Le rouge andrinople et l'indienne pour robe, chemise et ameublement, constitue l'autre quart.

En ce qui concerne les cotons écrus et blanchis, les échantillons que j'ai recueillis en Cochinchine et que je vous remets aujourd'hui, vous permettront de vous rendre un compte exact de la nature des tissus employés, de leur poids et de leur prix. Le tableau annexe n° 1, peut déjà donner une idée de ceux qui sont le plus communément employés, mais les renseignements qu'il donne ne sont ni assez précis, ni assez complets pour qu'à l'aide seul des échantillons vous soyiez en mesure de voir s'il vous est possible ou non de fabriquer les mêmes tissus à un prix à peu près égal. J'y ai joint alors un deuxième tableau qui résume la somme des renseignements recueillis d'une façon aussi approximative que possible. En ce qui concerne le poids et les mesures, ces renseignements sont positifs. Quant au prix, j'ai été obligé de m'en tenir à une certaine moyenne entre les écarts les plus fréquents, en raison même des variations du cours du change et des variations que subissent les prix des cotonnades. Il ne faut pas oublier, en effet, que le change a oscillé ces temps derniers entre 3,70 et 3,85, et que le prix des cotonnades a parfois des écarts de 5 à 12 0/0, suivant le stock en réserve à Singapore.

Par les échantillons, vous verrez que les tissus employés sont très-légers et le plus souvent d'assez mauvaise qualité. Pour avoir une valeur marchande aux yeux des Annamites, l'écru doit contenir beaucoup d'apprêt. Sous ce rapport, les Anglais se chargent de leur donner entière satisfaction. D'après ce que j'ai vu dans vos usines, il vous est facile de leur donner également satisfaction. Cet apprêt, en augmentant le poids du tissu, vous permettra-t-il peut-être d'en abaisser le prix, lequel ne doit en aucun cas s'élever à plus de 35 centimes le mètre pour le

COCHERS MALAIS.

commerce de gros. J'entends 35 centimes pris à Rouen, ce qu avec le change, l'assurance, le frêt et frais divers, porterait ce prix à 10 ou 11 cents rendu à Saïgon.

Il vous sera moins facile, je crois, de donner à vos cotons blanchis, l'apprêt qui leur donne une valeur marchande exigée par la clientèle indigène. Ce n'est qu'une question d'apparence et non de fonds. Elle paraît cependant être capitale. M. Praire, négociant établi à Saïgon m'a montré, en effet, très-peu de temps avant de quitter la Cochinchine, une pièce de coton blanchi qu'il venait de recevoir de France. Il avait envoyé à une maison française un ordre de 20,000 francs de ce tissu. L'ordre a été exécuté suivant toutes les indications fournies par M. Praire, qui était parvenu à obtenir cet ordre d'un Chinois de Cholen. M. Praire a livré les 2,000 pièces de madapolam. Elles ont été acceptées. Mais le négociant chinois, tout en reconnaissant la bonne qualité de la marchandise, lui déclara que cet essai serait suffisant. Le blanc de l'apprêt n'avait ni l'éclatante blancheur, ni la raideur du tissu anglais qui avait servi de type au fabricant français. Pour ce Chinois, tout semblait se résumer dans l'aspect et dans le prix. Et, à ce propos, je dois citer un fait qui remplira de joie ceux dont la patriotique ambition est de voir les produits français vendus à l'étranger avec leur marque française. Le Chinois, qui avait favorisé M. Praire d'un ordre assez important pour un premier essai, exigeait bien que les pièces eussent l'aspect et le poids des pièces similaires anglaises, et qu'elles fussent pliées de la même façon, mais il n'avait nullement exigé qu'elles portassent une marque étrangère. De telle sorte que ce Chinois pensait pouvoir vendre sans inconvénients des tissus portant la marque française : G. PRAIRE ET Ce, *20 mètres*. Quant au métrage et au pliage, il sera peut-être prudent de ne pas essayer de quelque temps encore d'amener les indigènes à accepter nos coupes et notre pliage, quoiqu'au Cambodge M. Maro soit cependant la parvenu à vendre la toile de Vichy, telle qu'on a l'habitude de couper et de la plier à Rouen.

J'ai donc confiance que les industriels français parviendront à écouler leurs produits en Indo-Chine avec leur caractère français, mais cela peu à peu et avec le temps.

Je n'ai pas voulu apporter ici les divers échantillons que chacun de vous m'a remis à mon départ. Il eut été trop long de considérer le plus ou moins de chance de chacun de vos produits à trouver un placement en Indo-Chine. C'est un travail que je me réserve de faire avec vous individuellement, en vous remettant les échantillons que vous m'avez confiés. Le principal objectif de ce rapport est de vous indiquer les tissus dont il est fait le plus usage dans notre colonie, et de vous indiquer en même temps les conditions dans lesquelles ils sont livrés.

Je vous apporte un échantillon de coton écru en pièce. Cette marque est l'une des plus répandues. La qualité du tissu répond bien aux besoins de la consommation. Il devra vous servir de type, si vous vous décidez à expédier du coton écru en Indo-Chine. Quelle que soit sa qualité, la pièce de coton écru a une longueur de 24 à 26 yards, (de 22 à 23^{m}80) et une largeur de 0^{m}85. Il est toujours plié en 31 ou 32 centimètres. Deux points, sur lesquels je ne saurais trop insister. Le chef doit être tissé pour toutes les qualités supérieures et ordinaires. Il n'est imprimé que pour les qualités inférieures ; et, dans ce cas, faut-il encore que l'impression paraisse également nette sur les deux faces du tissu. La marque de fabrique doit empiéter le moins possible sur le chef. A l'extrémité de la pièce, il y a une petite raie noire ou violette, simple ou double. Elle est tissée et elle ne doit jamais manquer, car l'indigène toujours méfiant, se plaît à constater que cette raie existe bien, lorsqu'il achète une pièce de coton écru. Elle est pour lui la garantie d'une bonne mesure.

J'ai acheté cet échantillon, ou plutôt cet échantillon m'a été cédé par la maison Hog-Chiou, de Cholen, au véritable prix du gros, soit à raison de 1,95, au change de 3,95, cela fait 7 fr. 70 qu'il faut diviser par 26 yards ou 23^{m}80 pour avoir le prix du mètre. Celui-ci revient donc à 32 cent. 1/2 rendu à Cholen. J'ai tout lieu de supposer que le Chinois Hog-Chiou, en bon Chinois qu'il est, a prélevé une petite commission ; et, d'autre part, il est acquis que les négociants chinois de Cholen avaient fait des achats considérables de cotonnades, en prévision de l'application du tarif général. Le stock entré de ce chef en Cochinchine a été tellement considérable que les négociants de Singapore me disaient ne plus traiter d'affaires de cotonnades avec la Cochinchine depuis l'application du tarif général. Pour écouler leurs cotonnades et établir leur supériorité sur les négociants qui n'avaient pas été aussi prévoyants ou n'avaient pas eu les mêmes moyens, les Chinois ont donc vendu les tissus de coton à un prix un peu moins élevé que celui admis aujourd'hui qu'ils ont été obligés de renouveler leur stock et de payer réellement les droits de douane.

Pour compléter les renseignements relatifs aux cotons écrus, j'ai joint à l'échantillon (A), une série de 47 échantillons de coton écru. Ils vous montreront la qualité des divers tissus employés en Cochinchine. J'ai fait suivre chacun d'eux d'une petite note qui indique la longueur, la largeur et le poids des pièces, le nombre de fils et le prix de la pièce à Singapore. J'ai également indiqué les droits de douane que chacune de ces qualités est obligée d'acquitter à son entrée en Cochinchine. De telle sorte que, tenant compte du frêt et de l'assurance de Singapore à Saïgon et d'autres petits frais, il m'a été permis d'établir d'une façon approximative le prix réel de ces tissus rendus à Saïgon. C'est donc ce prix que vous devrez vous efforcer d'atteindre pour lutter avantageusement contre la concurrence anglaise.

Les cotons écrus sont expédiés par balles contenant 100 pièces de 24, ou 26, ou 30 yards. L'échantillon, n° 52, vous montrera comment doit être l'enveloppe de la balle, qui mesure 64 centimètres de largeur, 60 centimètres de hauteur et 87 centimètres de longueur. La toile goudronnée serait cependant avantageusement remplacée par du papier goudronné, qui n'aurait pas l'inconvénient de couler et d'avarier parfois la marchandise. M. Cornu, membre de la Chambre de Commerce de Saïgon, me disait, en effet, que tout dernièrement une certaine quantité de cotonnades ainsi enveloppées et représentant une valeur assez considérable, avait été avariée et refusée, parceque, les balles ayant été placées à côté de la machine, la chaleur des chaudières avait fait couler le goudron, qui avait ensuite pénétré les tissus. Cet accident se présente rarement, il est vrai, mais il est susceptible de se produire à nouveau.

Les balles sont entourées de 4 cercles en feuillant; et, à chaque coin, il y a intérieurement une petite planche de 6 centimètres de large.

Pour le coton blanchi, dont je vous apporte également un échantillon qui représente la qualité la plus courante et devra vous servir de type, je vous rappelle les observations que je vous ai soumises au sujet de l'essai de M. G. Praire.

J'ai payé cet échantillon 2 $ 25 à la maison Hog-Chion, de Cholen, soit au change de 3,95, 9 fr. 087. $\frac{9,087}{18^{m}50}$ = 0 fr. 498 le mètre. Mais je placerai ici les mêmes observations que j'ai faites au sujet de l'échantillon de coton écru. Ce prix n'est pas tout-à-fait exact.

Pour avoir le vrai prix de gros des diverses qualités de coton blanchi, j'ai procédé comme pour le coton écru. J'ai fait une collection des différentes qualités et marques de coton blanchi employées en Cochinchine. Elle accompagne l'échantillon B, et elle vous donne la longueur, la largeur, le poids et le nombre de fils. Elle vous indique le prix de ces différentes qualités à Singapore, et les droits de douane qu'elles auront à acquitter à leur entrée en Cochinchine. Il ne reste plus qu'à ajouter le prix du frêt, de l'assurance et des frais divers de Singapore à Saïgon, pour avoir le prix du gros que vous devrez atteindre à très-peu près. Ce travail, je l'ai fait et consigné dans mes annotations.

Les cotons blanchis sont expédiés dans des caisses contenant 100 pièces divisées en paquets de 10 pièces, chaque paquet étant enveloppé d'un papier dont l'échantillon n° 52 vous montrera la nature. Chaque pièce est entourée de deux rubans dans le sens de la longueur, et la caisse est doublée en zinc.

Quand il s'agit des madapolams de belle qualité, ils sont coupés par pièces de 36 à 40 yards, et ils ont une largeur de 91 à 100 centimètres; ils sont pliés en 31 centimètres (voir l'échantillon C) et mis en caisse par lot de 50 pièces seulement. Le papier qui les enveloppe est le même, et la caisse est également doublée en zinc.

Tableau n° 3.

DÉNOMINATION.	POIDS ANGLAIS de LA PIÈCE.	POIDS FRANÇAIS correspondant DE LA PIÈCE.	Longueur anglaise.	Largeur anglaise.	Longueur française.	Largeur française.	SURFACE FRANÇAISE.	NOMBRE DE PIÈCES aux 100 m. c.	VALEUR DE LA PIÈCE.	VALEUR de 100 m. c. en francs.	POIDS par 100 m. c.	TARIF applicable aux 100 kilos.	DROIT ACQUIS.
			yards	inches									
Grey Shirting supérieur..	8lbs 1/4	3 k.737	39	39	36m65	1m	35m.c.65	2,8	1.75	19 f. 55	10 k.464	95 f. »	9 f. 94
Grey Shirting inférieur ..	8 1/4	3 737	»	»	»	»	» »	2,8	1.66	18 54	10 464	» »	9 94
Grey suppers. N° 1.....	5	2 265	26	35	23m76	0m89	21 15.00	4,7	1,26	23 64	10 645	» »	10 11
Id. id. No 2.....	5 1/4	2 378	»	»	»	»	» »	4.7	1.32	4 77	11 176	62 »	6 93
Id. id. N° 3.....	5 1/2	2 491	»	»	»	»	» »	4.7	1.45	27 81	11 707	» »	7 25
Tea Cloth moyen.......	6	2 710	24	30	21m94	0m76	16 67.40	5.9	1.20	28 27	15 989	» »	9 91
Id. id. id.	5	2 265	»	»	»	»	» »	» »	0.96	22 61	13 363	» »	8 28
Id. id. id.	4	1 812	»	»	»	»	» »	» »	0.87	20 48	10 692	95 »	10 16
White Shirting.........		2 860	40	33	36m56	0m84	30 71	3.20	2.20	28 16	109 25	109 25	9 95
		3 250	»	35 1/2	»	0m90	32 90	3.04	3.40	41 34	9 880	» »	10 78

Le rouge andrinople, dont il est fait une grande consommation dans toutes les parties de l'Indo-Chine, soit en vue de l'habillement, soit en vue de l'ameublement, est expédié à Saïgon dans des caisses doublées en zinc et contenant chacune 100 pièces pliées de la même façon que les cotons blanchis. Chaque pièce, d'un poids moyen de 2 livres anglaises, mesure 27^{m}50 de longueur, 0^{m}80 de largeur. Le prix de la qualité inférieure, qui est très-employée, est très-bas. Il varie de 20 c. 1/2 à 23 cent. C'est la qualité la plus courante. Il est également fait usage d'un rouge andrinople de qualité supérieure, et dont le prix varie de de 25 à 27 centimes. Le rouge andrinople paie 10 0/0 de façonnage et 60 0/0 *ad valorem* pour la teinture, plus 95 francs les 100 kilog, comme les cotons écrus, soit 164 francs 50 par 100 kilog, et 2 fr. 93 par pièce de 1 kilogr. 780. Cela porte les droits de douane à 1 cent. 1/2 par mètre.

Pour les écrus teints en violet ou en vert, les droits de douane sont moins élevés. La teinture ne payant alors que 30 0/0, les droits sont de 134 fr. 50 les 100 kilog.

Comme qualité, le rouge andrinople de MM. Lemaitre, Lavotte, Renault et Long conviendrait. La différence de prix n'est pas très-sensible, mais il serait indispensable d'arriver à la même teinte que celle dont je vous apporte les échantillons. Le rouge employé à Rouen est trouvé trop sombre. Pour qu'il ait la qualité marchande requise en Indo-Chine, il doit être plus vif.

Le rouge andrinople uni est employé comme turban ou ceinture par les Annamites et les Malabars. L'andrinople broché sert à l'ameublement ou à des dessous de robe.

Les échantillons A, B, C, montrent les trois qualités de rouge andrinople uni les plus employées. L'échantillon F représente la meilleure qualité dont il soit fait usage.

En ce qui concerne les indiennes, cretonnes et cretonnettes, les échantillons que vous m'avez remis ont plu beaucoup; ils trouveraient de l'écoulement; mais il faudrait une petite quantité seulement de chaque sorte. Les prix des types que j'ai annotés conviendraient très bien. Je les désignerai à chacun des fabricants en lui remettant les échantillons.

Quant à l'article ameublement, les seuls genres employés sont ceux représentés par les échantillons (M — R), il ne faut pas songer à en importer d'autres pour la consommation indigène.

J'ajouterai, Messieurs, que ces observations s'appliquent aux tissus que nous allons retrouver en Annam et au Tonkin.

ANNAM ET TONKIN

L'Annam et le Tonkin sont mis en communication avec la Cochinchine par un service régulier de bateaux à vapeur appartenant à la Compagnie des Messageries maritimes. Tous les quinze jours, un courrier part de Saïgon deux jours après l'arrivée du courrier d'Europe. Il fait escale aux principaux ports de l'Annam, Nia-Tram, Souan-Day, Quinhon et Tourane. Tous les quinze jours également, part d'Haï-Phong un courrier qui correspond avec le courrier français se rendant en Europe. Il fait escale aux mêmes ports.

Le rapatriement des troupes de la guerre et leur remplacement par les troupes de la marine ont donné lieu à un véritable encombrement de passagers et de marchandises, à ce point que des passagers se rendant au Tonkin sont parfois obligés de s'y rendre *vià* Hong-Kong, s'ils ne veulent pas passer quinze jours à Saïgon, et courir encore le risque d'être entassés sur « *l'Aréthuse* et le *Haï-Phong* », les deux paquebots qui font le service entre Saïgon et Haï-Phong. Quant aux marchandises venant d'Europe et principalement de France, elles attendent quelquefois sur les quais de Saïgon pendant deux ou cinq semaines leur tour d'expédition ; et j'ai vu à Souan-Day, le commandant de *l'Aréthuse* refuser un chargement de marchandises qu'un négociant chinois désirait expédier à Haï-Phong. Le Chinois a dû rentrer à Souan-Day avec sa marchandise et attendre quinze jours ou l'arrivée fortuite de quelque navire de commerce indépendant. Le principal chargement de *l'Aréthuse* consistait en approvisionnements de riz et de conserves destinés à nos divers postes établis sur la côte d'Annam, et en bagages d'officiers et autres fonctionnaires. L'un de ces derniers, envoyé au Tonkin, n'embarqua pas moins de sept chevaux à Souan-Day.

Ces quelques observations doivent vous montrer combien serait insuffisant le service des Messageries Maritimes entre Saïgon, l'Annam et le Tonkin, si ce déplacement continuel de nos troupes et de nos fonctionnaires devait durer longtemps encore. Mais l'activité déployée par M. Constans et son secrétaire général, M. Klobukowski, pour arriver à une prompte et définitive organisation des deux pays soumis à notre protectorat, font espérer que les moyens de transport accaparés aujourd'hui par l'Administration seront bientôt uniquement affectés au développement commercial de ces contrées.

Tandis qu'en Cochinchine, l'administration du pays est complètement entre nos mains, elle n'est en Annam et au Tonkin que sous la surveillance et le contrôle de nos administrateurs. Mais la cour de Hué est ouverte aux idées françaises et se montre disposée à faire pénétrer la civilisation française dans son royaume. En raison même du caractère sournois de l'Annamite et du guet-apens qui fut tendu au général de Courcy, nous serions justifiés d'émettre quelques doutes sur ces bonnes dispositions. Nous ne saurions en avoir, quand nous considérons que le plus grand appui du roi actuel pour son maintien sur le trône est la protection de la France. Naturellement les mandarins, dont les privilèges et les revenus se trouvent amoindris par le fait de la surveillance et du contrôle de nos résidents, ne se sont pas bénévolement soumis à notre domination. Mais, grâce aux ordres venus de la cour de Hué, la résistance armée a cessé, le pays peut être considéré comme pacifié, et nos commerçants et nos pionniers de toute sorte peuvent circuler librement sur toute l'étendue du territoire d'Annam.

Le royaume d'Annam consiste en une longue chaine de montagnes qui s'étend de la Cochinchine au Tonkin. Ces montagnes ont une profondeur de 60 à 70 kilomètres et baignent leurs pieds dans la mer d'une façon très abrupte. Plusieurs rivières traversent le pays de l'Ouest à l'Est et arrosent des vallées d'une très grande fertilité. A leur embouchure se trouvent des rades vastes et sûres qui peuvent donner abri aux navires d'un puissant tonnage. En dehors de ces rades situées à l'embouchure des rivières, il y a aussi une série de baies profondes, qui forment autant de ports pour notre marine de guerre.

La plus grande partie des montagnes de l'Annam est boisée. L'autre partie est livrée à la culture du riz de montagne, tandis que les vallées sont livrées à la culture du riz et de la canne à sucre. Mais la production du riz est à peine suffisante pour la consommation. La soie, le sucre, les cocos, la cannelle et les bois, sont les principaux produits d'exportation de l'Annam.

Le climat en est chaud, mais moins énervant que celui de la Cochinchine. Grâce au peu de profondeur des montagnes qui bordent la mer d'un bout à l'autre de l'Annam, l'air est souvent renouvelé et rafraîchi.

La population est presque exclusivement annamite. Il n'y a que fort peu de Chinois et encore moins de Malabars et d'Européens. La dernière guerre et les massacres auxquels elle a donné lieu ont de beaucoup diminué la population qu'on évalue aujourd'hui à un million et demi d'Annamites. C'est de l'Annam que sont venus les Annamites qui peuplent aujourd'hui la Cochinchine et le Tonkin. C'est donc le berceau de la race Annamite. La pureté de cette race est mieux conservée en Annam, mais les costumes, les coutumes et la langue sont les mêmes qu'en Cochinchine et au Tonkin.

L'Annamite s'habille ainsi que l'indique la photographie, mais il n'y a que la classe taillable et corvéable qui porte des costumes en coton. Les lettrés et les mandarins ayant conservé l'administration du pays se vêtissent de soie.

Les Annamites importent les tissus de coton soit de Haï-Phong, soit de Hong-Kong directement. Ces tissus sont les mêmes que ceux employés au Tonkin. Quand je dis que les Annamites importent, je commets une erreur. En Annam comme en Cochinchine, au Cambodge et au Tonkin, ce sont les Chinois qui ont accaparé le commerce des cotonnades.

Le principal centre d'importation de cotonnades est Fai-Foo, à quelques kilomètres de Tourane. Les grands navires ne peuvent pas aller plus loin que Tourane; mais les jonques chinoises et les chaloupes à vapeur transportent les marchandises à Faï-Foo pour être expédiées ensuite en sampan jusqu'aux frontières les plus reculées de l'Annam, jusqu'au Laos et au bassin de Mé-Kong. A Tourane, il y a plusieurs Français établis; ils vendent uniquement des conserves et des liqueurs que des Chinois établis à côté d'eux vendent 25 p. cent meilleur marché. Ces Chinois vendent en même temps des tissus de coton.

Tourane est destiné, par sa situation même et les avantages divers de la rade, à devenir un port très important. Mais je crois que le commerce des cotonnades restera toujours concentré à Faï-Foo. Par le tableau ci-joint vous verrez que, pendant l'année 1887, il est entré en Annam pour 670,730 fr. 70 de tissus de coton et 1,189,402 fr. 21 de cotons filés. Pressé par le temps et arrêté également par le manque de communications faciles avec Hué, je n'ai pu visiter Hué. A cause de la barre qui ferme l'entrée de la rivière, les grands navires ne s'arrêtent pas à Touanhan. Une fois par semaine seulement, la Compagnie des Messaries Maritimes, qui a établi une agence à Tourane met sous pression une petite chaloupe pour transporter les marchandises et les passagers à destination de Hué. Je ne parlerai pas de la voie terrestre par le col des nuages, Elle est seulement praticable pour les piétons et les chevaux annamites. Toutefois, d'après des renseignements positifs, je puis vous dire que Hué n'est pas un centre de commerce. Elle est la capitale politique de l'Annam et du Tonkin ; et, à cause de cela même, elle est peuplée de fonctionnaires. Il n'y a qu'un Français établi à Hué. Il s'est, m'a-t-on dit, occupé de l'importation des cotonnades françaises ; mais il n'a pas donné suite à ses tentatives.

Le commerce des cotonnades se trouvant entre les mains des Chinois exclusivement, et n'ayant séjourné que fort peu de temps dans chacun des ports de l'Annam, j'ai dû me borner à collectionner les échantillons des différents tissus qui y sont employés. Les uns sont importés ; les autres sont fabriqués dans le pays même; car l'Annamite file et tisse lui-même les cotons du pays un peu courts de soie, mais d'une assez belle qualité.

NOTABLES ANNAMITES.

TISSUS DE COTON, COTONS FILÉS & CONFECTIONS, COTON

IMPORTÉS EN ANNAM ET AU TONKIN

Pendant l'année 1887

Tableau annexe n° 4.

		IMPORTATION DE FRANCE	IMPORTATION DES COLONIES FRANÇAISES	IMPORTATION DE L'ÉTRANGER	TOTAL GÉNÉRAL
TISSUS DE COTON	**ANNAM**	»	24.932 fr. 85	645.797 fr. 85	670 730 fr. 70
	TONKIN	62.513 fr. 55	31.134 15	1.113.389 55	1.207.037 25
	TOTAL. .	62.513 55	56.067 »	1.759.187 40	1.877.767 95
CONFECTIONS en COTON	**ANNAM**	»	240 fr. »	1.230 fr. 30	1.470 fr. 30
	TONKIN	5.548 fr. 05	76 80	42.582 67	48.207 52
	TOTAL. .	5.548 05	316 80	43.812 97	49.677 82
COTONS FILÉS	**ANNAM**	»	»	1.189.402 fr. 21	1.189.402 fr. 21
	TONKIN	14.424 fr. »	»	3.448.958 »	3.463.382 »
	TOTAL. .	14.454 »	»	4.638.630 21	4.652.784 21
COUVERTURES LAINE ET COTON	**ANNAM**	»	2.501 fr. »	17.162 fr. 50	19.663 fr. 50
	TONKIN	51.088 fr. »	617 50	49.144 30	100.819 80
	TOTAL. .	51.088 »	3.118 50	66.276 80	120.483 30

Grâce à l'obligeance de M. Burdeau, chargé de la direction du bureau commercial de Hanoï, j'ai pu me procurer une collection complète des cotons qui poussent en Indo-Chine. Les échantillons que je vous remets vous permettront donc d'apprécier la valeur du coton indo-chinois et le parti qu'on peut en tirer. C'est la province de Tagne-Hoa qui parait être la plus apte à la production du coton. L'Annamite achète en assez grande quantité les filés de coton anglais de Manchester et de Bombay, dont il fait la chaîne de ses cotonnades. En 1887, il est entré en Annam pour 1,189,402 fr. 21 de cotons filés anglais. Tandis qu'au Tonkin une grande partie de ces cotons filés va au Yunnam par le Fleuve Rouge, la totalité des cotons filés importés en Annam est consommée dans le pays même. Comme au Tonkin, les seuls numéros dont il soit fait usage sont les n°s 20 et 40. (Voir les échantillons *a, b.*) Les échantillons N, O, P, Q vous montreront le genre cotonnades tissées par les Annamites. Elles sont tissées en 0^{m}31 de large. Ils les teignent en brun rouge au moyen du cunao ou faux gambier. Leur prix moyen est de 20 centimes le mètre. Cette teinture a pour propriété de donner une certaine imperméabilité au tissu.

LE TONKIN

Ceux qui ont considéré le Tonkin comme un pays immédiatement exploitable et devant procurer du jour au lendemain des débouchés énormes à nos produits manufacturés, ont été victimes de cruels mécomptes. Partis pour la plupart avec une pacotille composée de toutes sortes d'articles choisis sans aucune connaissance des besoins du Tonkin, ils ont dû vendre ces articles à vil prix ou les garder en magasin. Ceux-là ont contribué pour une large part à jeter sur notre nouvelle conquête un discrédit qu'il sera difficile de détruire aux yeux d'une partie du public français.

D'un autre côté, les négociants aisés, qui ont importé au Tonkin les articles qui s'y consomment, ont réalisé des bénéfices considérables. Ceux-là ne sont pas étrangers à la création de cet enthousiasme qui a poussé nos légions et nos commerçants vers ces contrées.

De part et d'autre, il y a eu exagération. La vérité se trouve entre les deux.

Il ne me paraît pas discutable que les sacrifices en hommes et en argent consentis par la France soient en rapport avec les bénéfices immédiats que nous pouvons retirer de ce pays; et je doute fort qu'il y ait de bien longtemps encore une compensation suffisante. Mais aujourd'hui, la question n'est plus de savoir si nous avons eu tort ou raison d'aller au Tonkin. Il s'agit de tirer le meilleur parti de ce pays avec le moins de sacrifices possible en hommes et en argent. Quant à évacuer le Tonkin, nous ne pourrions y songer que s'il devait nous coûter le même nombre d'hommes et le même nombre de millions dépensés à ce jour. Nous n'avons pas cette crainte à avoir, et nous devons simplement considérer l'exploitation du Tonkin comme une affaire de longue haleine.

Aujourd'hui, la tranquillité du pays est à peu près assurée. Des postes nombreux ont été créés sur tous les points du territoire, de façon à éviter toute surprise. Le Tonkinois, qui est naturellement pacifique, s'est remis à la culture de ses champs, et nos résidents surveillent les mandarins et contrôlent la rentrée des impôts que ces derniers sont chargés de recouvrer. Pendant son séjour au Tonkin, M. Constans a mis un peu d'ordre dans l'Administration, de telle sorte que les commerçants peuvent circuler librement dans tout le Tonkin, s'y livrer au commerce, à des essais de culture, à l'exploitation des bois, des usines et des pêcheries. Pour les affaires industrielles à entreprendre, il y a là des études et des recherches longues à faire. Quant aux débouchés que le Tonkin peut offrir à nos produits manufacturés, nous devons être complètement fixés.

Les liquides et les conserves constituent actuellement les seuls produits français qui trouvent des débouchés au Tonkin, et cet écoulement est dû uniquement à la présence de nos troupes. Ainsi ce sont les Français qui consomment la presque totalité de leurs produits.

La population du Tonkin est très douce, tout au moins dans la partie du Delta, où les villes et villages se touchent presque. Le chiffre de cette population n'est pas déterminé d'une façon exacte. On l'évalue approximativement à une douzaine de millions d'habitants. Nous devons donc nous préoccuper surtout de la consommation indigène. Cela est d'autant plus urgent pour nos négociants établis au Tonkin que le commerce des conserves,vins et liqueurs est destiné à décroître d'ici peu, au fur et à mesure de la réduction de l'effectif de nos troupes.

En arrivant au Tonkin, j'ai trouvé chez les négociants la même réserve qui m'avait été opposée par les négociants de Saïgon; et, dans ma lettre au *Courrier de Haïphong*, j'ai essayé de leur faire comprendre, entre autres choses, la nécessité dont je viens de parler. J'avais alors les éléments qui m'avaient fait défaut à Saïgon pour pouvoir répondre avec quelque autorité. Voici cette lettre :

A M. de Cuers de Cogolin,

Directeur du *Courrier d'Haïphong.*

Monsieur le Directeur,

Le dernier numéro de votre estimable journal a bien voulu signaler la mission qui m'a été confiée par le *Comité Industriel et Commercial de Normandie,* et constater ainsi les efforts de l'industrie cotonnière de cette laborieuse région pour assurer des débouchés à ses produits dans nos vastes domaines de l'Indo-Chine.

Voilà bientôt deux mois que je suis dans ce pays, et en Cochinchine comme en Annam et au Tonkin, j'ai pu me rendre compte que ces efforts étaient sinon méconnus, tout au moins ignorés du plus grand nombre de nos compatriotes se livrant au commerce d'importation. De tous parts, en effet, je n'entends que protestations contre l'application du tarif général des douanes, protestations qui se sont traduites d'ailleurs par deux démarches de la plus haute importance : d'abord, les observations présentées en décembre dernier à M. Etienne, alors sous-secrétaire d'État aux colonies, par la Chambre de commerce de Saïgon ; et en second lieu, les vœux émis par la Chambre de commerce d'Haïphong, lors de sa présentation à M. le Gouverneur général de l'Indo-Chine.

Organe des intérêts français dans ce pays, et affranchi de tout esprit de parti et de coterie, vous avez nécessairement à cœur les intérêts de ceux de nos compatriotes qui s'y sont établis ; mais vous avez non moins à cœur, j'en ai la certitude, les intérêts des industriels français qui contribuent pour une si large part à la richesse nationale et à l'établissement de son influence au dehors. Aussi oserai-je espérer, Monsieur le Directeur, que vous voudrez bien offrir l'hospitalité aux quelques observations que me suggère la campagne entreprise ici contre l'application du tarif général des douanes. Si elles n'ont pas cet heureux résultat de trancher la question de la façon la plus pratique et la plus rationnelle, elles réussiront du moins à faire rendre justice au travail, à l'intelligence et à l'initiative des industriels qui m'ont envoyé en Indo-Chine.

Voyons d'abord les griefs formulés par les importateurs français.

Dans sa réponse à M. Etienne, la Chambre de commerce de Saïgon s'exprimait ainsi :

« Lorsque la Chambre des Députés a adopté la disposition qui a donné naissance aux nouvelles mesures douanières, il paraissait bien entendu qu'elle n'avait d'autre but que de protéger l'Industrie Française, en réservant pour elle seule les marchés des colonies; celui de l'Indo-Chine était particulièrement visé. Ce n'était donc pas une mesure fiscale que l'on comptait prendre, mais bien faire acte de protection. Pour que le résultat eût été satisfaisant et pût prouver que la Chambre des Députés avait eu raison de s'associer aux propositions de quelques-uns de ses membres, et qu'en agissant ainsi elle n'avait pas pris la défense de certains intérêts particuliers, plutôt que celle de l'intérêt général du pays, il aurait fallu que les marchandises étrangères eussent abandonné notre marché pour y être remplacées par leurs similaires français. La réalisation de ce fait aurait été démontrée par l'absence totale, ou à peu près totale, de recettes opérées par les nouvelles douanes, et cela certes à la grande satisfaction de tous, même, nous l'espérons du moins, des agents chargés de la perception. Il n'en a été nullement ainsi, car les recettes de la douane en Cochinchine ont atteint jusqu'ici un chiffre que l'on peut considérer comme très élevé. Dans ces conditions ces recettes constituent purement et simplement une aggravation d'impôts supportée par les colons ou les résidents français et par les indigènes, aggravation sans profit pour personne puisqu'elle démontre que les marchandises étrangères ont continué à venir sur notre marché. Par contre et malgré les efforts patriotiques, nous pouvons l'assurer, de plusieurs importateurs, la vente des produits nationaux n'a nullement augmenté. Comment pourrait-il en être autrement lorsque pour les cotonnades, par exemple, celles d'origine françaises ne peuvent être vendues que 20 à 35 °/₀ plus cher que celles d'origine étrangère, malgré l'impôt qui frappe celles-ci. Qu'on nous permette, Monsieur le Sous-Secrétaire d'Etat, de le répéter une fois de plus, il en sera toujours ainsi tant que l'industrie française ne se départira pas de sa déplorable habitude de ne pas vouloir se conformer au goût des consommateurs soit pour la qualité, soit pour le prix, soit même pour l'aspect et la forme dans ses moindres détails de l'objet fabriqué. Il serait plus intelligent de la part de nos compatriotes d'imiter à cet égard les concurrents étrangers, que de recourir à des mesures de protection toujours inefficaces et contraires à tous les intérêts. Que nos fabricants soient donc bien convaincus que le jour où ils auront pris des dispositions pour pouvoir livrer des produits *semblables à tous égards* aux similaires étrangers, tous les importateurs français s'empresseront de les adopter. Ils n'auront besoin pour cela d'aucune mesure pour les y amener. »

Comme on voit, la Chambre de commerce de Saïgon proteste bien énergiquement contre l'application du tarif général, qu'elle trouve nuisible aux intérêts de l'Indo-Chine, sans profit pour la Métropole.

La Chambre de commerce d'Haïphong est non moins radicale. Dans sa séance du 23 janvier 1888, elle émet le vœu suivant :

« La Chambre a l'honneur de solliciter de M. le Gouverneur général de faire, auprès du gouvernement de la Métropole, toute demande tendant au retour de l'ancien régime *ad valorem.* »

Si je ne connaissais l'ardent patriotisme qui anime le cœur de tout Français, et principalement du Français qui se décide à abandonner le clocher natal et vient lutter pour l'influence française dans ces pays lointains, moins salubres et moins gais que la mère patrie; si je ne connaissais, dis-je, l'ardent patriotisme qui anime les membres de la Chambre de commerce d'Haïphong, j'aurai tout lieu de croire, en présence des vœux qu'ils ont émis, qu'ils se sont exclusivement préoccupés des intérêts de l'Indo-Chine et du leur.

Je ne discuterai point si l'application du régime des Douanes à un pays est une erreur économique ou non. Une telle discussion me paraît bizantine et purement théorique, vu les conditions économiques dans lesquelles la France se trouve placée, et surtout au moment où toutes les nations s'entourent de barrières douanières et font les plus grands sacrifices pour conquérir, acquérir des colonies. C'est la lutte pour l'existence. Si toutes les nations du monde s'entourent de barrières douanières, c'est pour subvenir aux frais de l'état, équilibrer le budget et protéger l'industrie nationale. Si toutes les nations du monde entretiennent des colonies et en cherchent de nouvelles, c'est uniquement dans le but d'y écouler leurs produits ou d'en tirer parti de toute autre façon. Et il n'est venu dans l'esprit de personne en France, que nous soyons venus en Indo-Chine pour autre chose. J'en appelle d'ailleurs aux nombreux représentants des producteurs français. Si la France est venue en Indo-Chine et au Tonkin, rappelons-le puisqu'on semble l'oublier, ce n'est pas dans un esprit humanitaire. Car alors elle aurait dû commencer par épargner le sang de nos soldats et bien des larmes dans les familles. Les centaines de millions que nous coûte la conquête du Tonkin, auraient soulagé bien des misères en France. Il est donc à supposer que celle-ci n'a consenti à faire tous ces cruels sacrifices que pour trouver dans ces riches pays un nouveau champ à l'activité et au travail de ses enfants, et pour y écouler les produits de ses industries.

Pour atteindre ce résultat, la France a cru d'un grand intérêt pour elle d'appliquer le tarif général des douanes à l'Indo-Chine. La question est donc de savoir si ce grand intérêt existe réellement.

Je me livrerai à une courte digression qui éclairera, je crois, un point de la question :

FEMMES TONKINOISES.

COSTUME DE COOLI TRAINANT UN POUSSE-POUSSE (HAI-PHONG)

Il y a toujours tendance de la part des colonies à s'affranchir de leur Métropole, à gérer elles-mêmes leurs propres intérêts. Mais il y aura aussi toujours lutte entre elles et leur Métropole, celle-ci ne voulant pas que ses sacrifices restent stériles. L'Angleterre, la plus libre échangiste de toutes les nations, n'échappe même pas à cette lutte quasi naturelle. L'Angleterre, en effet, n'a pas encore consenti, que je sache, à laisser ses colonies conclure elles-mêmes, au mieux de leurs intérêts, leurs propres traités de commerce avec les différents pays. Et au Canada, par exemple, qui a cru devoir s'offrir un régime douanier très protectionniste, les marchandises anglaises paient bien, il est vrai, les mêmes droits que les marchandises de toute autre provenance, mais elles ne paient pas davantage. C'est déjà une grande concession que l'Angleterre fait au Canada, car c'est elle qui a fait valoir cet immense territoire, et elle le protège encore de la puissance de sa marine et de ses capitaux. Mais elle ne supportera jamais que ses sacrifices restent stériles, c'est-à-dire que ses intérêts soient sacrifiés. Si cela a lieu un jour, (et cela aura très probablement lieu avant peu, vu le développement rapide de la richesse du pays), alors le fruit sera mûr ; et, comme le disait Adam Smith, le fruit se détachera de l'arbre tout naturellement. Le Canada ne sera plus colonie anglaise.

Mais ce jour-là est-il arrivé pour l'Indo-Chine? Nos troupes de terre et de mer occupent encore le pays dont elles ont à défendre chaque jour la sécurité; et les 20 millions pour lesquels l'Indo-Chine contribue à l'effet de les entretenir ne suffisent point. La France ne paie que 20 millions. C'est peu, il est vrai. Mais, en admettant que les sacrifices actuels de la France soient quantité négligeable, l'Indo-Chine et le Tonkin en particulier ont-ils rapporté à la mère patrie des avantages qui compensent au moins les sacrifices accomplis à ce jour? Poser la question c'est la résoudre *négativement*. J'espère cependant que cette compensation viendra un jour. Car il me semble, autant que peut en juger un observateur qui passe, que ce pays renferme tous les éléments nécessaires au développement rapide de sa prospérité et de sa richesse. Mais, en attendant que cet heureux résultat soit obtenu pour le plus grand bien de tous les Français de France et de l'Indo-Chine, que ces derniers ne protestent point contre la protection que la France croit devoir donner à ses industries qui contribuent si puissamment à la richesse nationale, et lui fournissent ainsi les moyens de les protéger contre les ennemis du dedans et du dehors, et de rendre féconds pour eux et la France leur travail et leur intelligence.

Je ne crois nullement que ces Messieurs de la Chambre de Commerce de Saïgon et d'Haïphong aient voulu par leur vœux protester contre cette protection générale que la France a le droit et le devoir de donner à ses industries. Non. Ils protestent simplement contre la mesure particulière qui a été prise, et prétendent que cette fécondité de leur intelligence, dont je parlais tout à l'heure ne peut exister avec l'application du tarif général.

Je ne chercherai pas jusqu'à quel point l'application du tarif général gêne ces messieurs dans leurs intérêts de commerçants. Quant aux intérêts de la population indigène, je dirais une fois de plus que nous ne sommes pas venus ici exclusivement pour faire son bonheur, au détriment de notre propre intérêt. Je ne retiens que ceci : C'est que les négociants de ce pays-ci ont fait de patriotiques efforts pour atteindre le but qu'à poursuivi la Chambre des députés en appliquant le tarif général à l'Indo-Chine. D'après eux la mesure prise est inefficace. Elle leur nuit, sans profit pour la Métropole.

Lorsque ces Messieurs parlent des produits que la France ne peut fournir en aucune façon, je leur accorde volontiers que l'application du tarif général à ces produits est un non sens et une entrave à l'extension des relations commerciales. La mesure est alors fiscale en effet, et elle ne doit être prise que lorsqu'il y a absolue nécessité de se créer des ressources, si le Gouvernement de l'Indo-Chine n'a pas besoin des revenus que lui procure l'application du tarif à ces produits que la France est dans l'impossibilité de fournir, la Chambre des députés aura le devoir de supprimer les droits qui les frappe. Mais quand je vois les deux Chambres de commerce de Saïgon et d'Haïphong sacrifier les produits français, sous prétexte que, malgré le tarif général, ils ne peuvent être livrés en Indo-Chine, à aussi bon compte que les produits similaires étrangers, je ne puis m'empêcher de leur rappeler ce que leur a si bien exprimé M. le Gouverneur général à son arrivée à Haïphong : « Appliquons vigoureusement le tarif « général aux similaires de notre industrie nationale, mais « soyons coulans pour ceux que nous ne pourrons produire ». Ainsi s'exprimait M. Constans.

En leur parlant de la sorte, il leur parlait en homme pratique, avec la haute autorité que lui donnent sa situation et son expérience, et avec un réel souci de concilier les vrais intérêts de la France et de sa belle colonie Indo-Chinoise.

Quant à moi, Monsieur le Directeur, je croirais manquer à la mission qui m'a été confiée par l'industrie cotonnière de Normandie, si je ne relevais pas ici même un passage de la lettre de la Chambre de commerce de Saïgon. Ce passage est l'argument qui sert de tremplin aux commerçants saïgonnais pour battre en brèche la forteresse du tarif général. *Comment pourrait-il en être autrement lorsque les cotonnades, par exemple, celles d'origine française, ne peuvent être vendues que 20 à 35 % plus cher que celles d'origine étrangère, malgré l'impôt qui frappe celles-ci.*

La Chambre de commerce de Saïgon compte parmi ses membres des personnalités d'une haute probité et d'une grande expérience des affaires. Elle est puisamment organisée, intelligemment administrée, ainsi que j'ai pu m'en rendre compte moi-même. Une telle assertion est donc bien faite pour éloigner de notre marché toute tentative que pourraient être amenés à faire les négociants de l'Indo-Chine, auxquels le souci de leurs intérêts aurait suggéré l'idée de chercher à se pourvoir chez nous des tissus et filés qu'ils demandent à l'étranger.

Je ne sais où ces messieurs ont pris leurs renseignements. Toujours est-il que depuis deux mois, muni de toutes les indications concernant les divers tissus fabriqués à Rouen, Bolbec, Lillebonne, Saint-Etienne-du-Rouvray, Darnétal, etc., et dont j'ai fait, aux usines mêmes, une étude spéciale, je constate la possibilité de la lutte, sinon pour tous nos articles, du moins pour le plus grand nombre. Et dans tous les cas je n'ai pas encore trouvé un pareil écart.

J'ai pris mes renseignements aux sources de la fabrication. Je les tiens écrits de la main même des producteurs, et les mets à la disposition des négociants. Ils constateraient avec moi que le correspondant de la Chambre de commerce a été induit en erreur ou a généralisé tout au moins un cas particulier. Il est possible que pour certains tissus spéciaux, nos fabricants ne soient pas encore outillés pour les livrer à aussi bon marché. Mais, je l'affirme hautement, pour le plus grand nombre des tissus qui sont vendus couramment en Indo-Chine, nous arrivons, grâce au tarif général, à égalité de prix avec les produits anglais. Pour d'autres nos prix sont inférieurs. Quant à ceux pour lesquels il existe une différence à notre désavantage, c'est le plus petit nombre. De telle sorte qu'en modifiant quelque peu la qualité de nos tissus, bien supérieure à celle des produits similaires anglais écoulés dans ce pays, et en fournissant des articles absolument semblables comme longueur, largeur, etc., nos fabricants peuvent trouver un grand débouché à leurs produits.

D'ailleurs la Chambre de commerce de Saïgon sera vite convaincue de la possibilité d'une lutte avantageuse, lorsque je lui aurai cité le cas de l'une des plus importantes maisons étrangères établies en Indo-Chine, qui a traité une très grosse affaire avec la place de Rouen, et j'ajouterai, par l'intermédiaire d'un commissionnaire. Je pourrais citer aussi une grande maison française qui a réussi à importer une certaine quantité de nos produits fabriqués sur ces indications.

Non, ce n'est pas l'élévation de leur prix qui a empêché les cotonnades françaises de trouver des débouchés en Indo-Chine malgré l'application du tarif général. On peut donc considérer comme erroné, tout au moins prématuré, l'argument tiré du fait que depuis l'application du tarif général il n'est pas entré un centime de cotonnades françaises en plus de ce qui était importé auparavant. Le décret portant application du tarif général date du mois de septembre dernier et deux mois après seulement se manifeste la protestation des négociants de Saïgon. Il serait plus raisonnable d'attendre le résultat des efforts tentés actuellement par nos industriels pour fournir à l'Indo-Chine les produits dont elle a besoin. Car elle les ignore et c'est là la vraie cause. La vraie cause jusqu'à présent du moins, est le manque de renseignements précis sur les besoins réels du pays, sur la nature, le genre, l'aspect et le prix des tissus qui lui conviennent.

Et c'est cette ignorance, sans doute, qui leur attire les reproches de la Chambre de commerce de Saïgon. Ces reproches n'ont plus leur raison d'être aujourd'hui.

Pendant de nombreuses années les fabricants français ont eu l'écoulement et le paiement assurés de leurs produits, que les négociants étrangers venaient leur acheter directement ou indirectement par l'intermédiaire des commissionnaires. Ils n'avaient pas une grande concurrence à soutenir et ils ne suivaient peut-être pas avec toute l'attention voulue la transformation annuelle des besoins des marchés étrangers. La concurrence étrangère, favorisée par nos crises diverses, est devenue une rivale redoutable. Les fabricants étrangers sont allés sur place étudier les besoins réels des différents pays, et ont ensuite créé, en une seule fois, comme en Allemagne par exemple, les outillages nécessaires à la fabrication des produits dont ces pays avaient besoin. Et, lorsqu'il s'est agi de lutter, nos industriels se sont trouvés dans des conditions d'infériorité manifeste. Il leur en a, sans nul doute, beaucoup coûté d'avoir à modifier leur outillage et leurs habitudes. Mais il serait injuste de ne pas reconnaître les efforts qu'ils ont fait pour lutter avantageusement contre la concurrence étrangère. Aujourd'hui sont-ils prêts, ou peu sans faut, pour la lutte. Il suffit de visiter les vastes usines de la Normandie, et de jeter un coup d'œil sur les produits qu'elles fournissent, pour se rendre compte de la puissance des moyens d'action de l'industrie cotonnière de cette région. Il ne lui manque plus que de les faire connaître aux consommateurs et d'être exactement renseignés sur les besoins de différents pays.

C'est là le double but qu'elle a poursuivie en m'envoyant en

Indo-Chine. J'ai trouvé auprès du Gouverneur de la colonie, et auprès de l'administration des douanes, le concours le plus dévoué aux intérêts de nos fabricants.

Maintenant, c'est aux négociants français de ce pays-ci à compléter leur œuvre et à fournir tous les renseignements capables de les éclairer sur les besoins réels du pays; et je ne vois pas que leurs intérêts particuliers aient à souffrir en quoi que ce soit des communications les plus complètes à cet égard. Je ne suis pas venu ici en concurrent, essayer de leur enlever une affaire. Représentant une collectivité d'industriels, dont un certain nombre fabriquent les mêmes produits, ces industriels mettront à profit les indications que je leur rapporterai, et les négociants de l'Indo-Chine trouveront ensuite sur le marché de Normandie les produits dont ils ont besoin, et exactement semblables en tout à ceux que les Anglais et les Allemands ont l'habitude de vendre aux indigènes.

L'Industrie cotonnière en France a besoin d'être protégée. Les conditions économiques dans lesquelles elle travaille et produit la placent dans un état d'infériorité vis-à-vis la concurrence étrangère. L'application du tarif conventionnel en France lui a permis d'empêcher l'importation chez nous des cotons anglais, et de voir progresser l'importation de ses produits en Algérie. Elle espère donc que, grâce au tarif général, elle pourra lutter avantageusement contre la concurrence anglaise et allemande en Indo-Chine, où elle considère que le tarif conventionnel ne suffirait peut-être pas à la protéger, par suite de l'élévation du fret de nos Compagnies maritimes, et par suite de la proximité des vastes entrepôts de Hong-Kong et de Singapore et de la production de Bombay.

Cette protection est bien due à notre industrie cotonnière, si l'on considère son importance, ses sacrifices et les grands services qu'elle rend à la France, dont elle contribue pour une large part à assurer la richesse.

L'industrie cotonnière en Normandie n'occupe pas moins de 200,000 ouvriers et ouvrières. Certaines manufactures occupent de 1,200 à 3,000 ouvriers chacune. Le chiffre d'affaires de la seule place de Rouen est annuellement de *cent dix millions* de francs environ. Ces titres ne constituent-ils pas autant de droits à la protection efficace du Gouvernement Français?

La question de l'importation des tissus et filés de coton en Indo-Chine est du plus haut intérêt, non seulement pour les fabricants français, mais encore pour les négociants français de ce pays-ci.

Jusqu'à ce jour, en effet, ce sont les Chinois et les Indiens qui, au Tonkin comme en Cochinchine et en Annam, ont eu le monopole presque exclusif du commerce des cotonnades et des filés. Deux ou trois grandes maisons européennes s'en occupent cependant, mais sur une échelle relativement minime, tandis que quelques maisons françaises soumissionnent pour la fourniture à l'Etat de certains tissus français, tels que les tissus écrus et blanchis.

En outre, le commerce des cotons filés et des cotonnades existera toujours. Il augmentera suivant les bonnes ou mauvaises années, mais l'indigène ne pourra pas plus se passer de s'habiller que de manger, et la légère augmentation de prix qui pourrait se produire ne l'empêchera pas de se pourvoir des tissus indispensables. Tout au contraire, le commerce des liquides auquel se sont livrés jusqu'ici la plupart des négociants français, n'augmentera guère et diminuera même très probablement, le jour où le pays sera pacifié et le chiffre de nos troupes réduit au chiffre indispensable à l'observation de nos frontières et au maintien de l'ordre dans les provinces.

Il est donc du plus grand intérêt pour eux de déplacer à leur profit la vente d'un article dont l'importation s'élève annuellement de 6 à 7 millions de francs pour le Tonkin seulement, et de 7 à 8 millions de francs pour la Cochinchine, et d'être ainsi préparés pour le jour prochain où l'initiative du Gouverneur général actuel leur aura assuré, par des voies ferrées sur Lang-Son et de Lao-Kaï, l'accès facile et rapide des nombreuses populations du Yünnan et du Quang-Si.

Cet intérêt est tellement manifeste que les doléances des négociants français me semblent plutôt être l'expression de leur regret que les droits du tarif général ne soient pas assez élevés pour permettre l'importation des cotonnades françaises. Ne prétendent-ils pas, en effet, que malgré leurs patriotiques efforts, ils n'ont pu réussir à importer nos tissus de coton, en dépit du tarif qui les protège? S'il est absolument impossible aux fabricants français de faire de nouveaux sacrifices pour déplacer à leur profit la vente des cotonnades, il incombe alors un devoir aux industriels de Normandie qui jouissent d'une si légitime influence auprès du Gouvernement français. C'est de faire les plus actives démarches auprès de celui-ci pour le décider à réviser le tarif général de façon à permettre l'écoulement de leurs cotonnades en Indo-Chine. L'enjeu en vaut la peine. Les industriels ne failliront donc pas à leur devoir, surtout au moment où ils sont si près d'atteindre le but. Ainsi, les cotons filés n° 20 de Bombay se vendent actuellement de 88 à 90 piastres à Haï-Phong. Les cotons filés français dans le n° correspondant à celui des filés de Bombay, ne peuvent être livrés à moins de 90 à 91 piastres. Le filé français est un peu meilleur, il est vrai. Il est à espérer qu'on pourra obtenir une certaine diminution pour ce numéro, en même temps qu'une diminution dans le prix élevé du fret de Rouen à Haï-Phong. Dans le cas contraire, il suffira aux industriels français de faire appliquer au coton filé n° 20 de Bombay le même tarif qu'au coton filé n° 40, ce qui établira alors une différence de 6 à 7 piastres en faveur de leur coton filé correspondant. Le Gouvernement français ne pourra manquer de se rendre au vœu unanime de nos fabricants et des négociants de l'Indo-Chine.

Je m'associe donc pleinement au vœu émis avant-hier par M. Candau, à qui était échu l'honneur de porter un toast à M. Constans, au nom de la ville d'Haï-Phong. M. Candau demande le retour à un régime douanier plus rationnel. Suivant moi, le seul régime rationnel capable de concilier les intérêts des industriels français et des négociants en Indo-Chine consiste :

1° Dans la suppression des droits inutiles et dangereux sur les produits que la France ne peut fournir; cela, bien entendu, dans le cas où le Gouvernement de l'Indo-Chine trouverait dans la subvention de la Métropole, ou dans les ressources mêmes du pays, l'argent dont il a besoin pour assurer sa sécurité et le mettre en valeur;

2° Suivant le cas, maintien ou augmentation des droits insuffisants à protéger les produits de nos industries contre la concurrence étrangère.

Veuillez agréer, Monsieur le Directeur, mes sincères remerciements et l'assurance de ma très respectueuse considération.

Haï-Phong, le 1er mars 1888.

FRÉDÉRIC GERBIÉ.

Après avoir passé quelque temps à Saïgon, M.Gerbié est venu au Tonkin, en visitant les principaux ports de l'Annam. Pendant un mois, il a étudié ici les produits d'importation de l'industrie cotonnière de l'étranger, comparant ceux-ci avec les échantillons de l'industrie normande qu'il avait apportés avec lui. Nous avons été à même de voir cette collection des échantillons français ; beaucoup de négociants sont allés l'étudier aussi.

Ce qui frappe d'abord, c'est que Rouen et la Normandie fabriquent tous les tissus que nous fournit ici l'étranger. Certains articles nous ont paru d'un bon marché exceptionnel; d'autres, au contraire, devraient être modifiés pour être écoulés au Tonkin. Ils ne sont ni dans les longueurs, ni dans les largeurs en usage.

Le Tonkinois, dans les Andrinoples surtout, aime un rouge vif, chaud; le rouge des tissus français est plus sombre, un peu violet. C'est une nuance juste à saisir. Des tissus sont trop forts; plus tard, ils trouveront des débouchés au fur et à mesure du développement de nos relations commerciales avec les populations des régions montagneuses du Laos et des provincss méridionales de la Chine où le climat est assez rigoureux.

Avec les renseignements et les échantillons très complets recueillis au Tonkin, M. Gerbié pourra renseigner très exactement les fabricants français sur les besoins du pays, et, à notre avis, l'industrie française n'aura pas à modifier beaucoup son outillage pour produire bien exactement ce qui est ici de consommation courante.

Du reste, M. Gerbié ne se considère pas encore comme suffisamment renseigné; il est parti vendredi pour Hong-Kong, qui est le principal marché auquel s'approvisionne le Tonkin; il reviendra ensuite à Saïgon, visitera le Cambodge, et au retour s'arrêtera à Singapore, centre d'approvisionnement pour la Cochinchine et le Cambodge. Les industriels français auront des renseignements très sérieux.

L'industrie française jette aujourd'hui les yeux sur le Tonkin; grâce au tarif protecteur, elle arrivera sans doute à lutter dans de bonnes conditions.

Mais, pour le Tonkin, il faut encore une industrie locale. Aussi avons-nous appris avec plaisir que le gouvernement de l'Indo-Chine avait accordé une concession pour la plantation du coton et l'établissement d'une filature.

M. Gerbié pense que les capitalistes français n'oseront jamais se risquer ici dans une entreprise de ce genre, si aucune garantie d'intérêt ne leur est accordée. Ils seront sans doute moins timides quand le succès d'une première tentative leur aura montré le chemin.

Toujours est-il que nous pouvons espérer de voir, à bref délai, au Tonkin, les produits de l'industrie française, métropolitaine ou locale entrer pour une large part dans la consommation du pays. DE C. C. (*Courrier d'Haïphong*).

M. Candau, secrétaire de la Chambre de commerce de Haï-Phong, et représentant de la maison Roques, reconnaît bien la nécessité de s'occuper, à bref délai de l'importation des cotonnades. Mais, en demandant le retour à l'ancien tarif, il ne s'inquiète nullement de favoriser l'importation des marchandises françaises qui ont besoin d'un tarif protecteur pour pouvoir lutter contre leurs similaires étrangers.

La protection des intérêts des négociants français établis au

Tonkin a motivé une boucherie de vingt mille de nos meilleurs soldats et l'engloutissement de plusieurs centaines de millions, dont une bonne partie a comblé le coffre de la plupart de ces négociants, surtout celui de M. Roques. Ils sont donc mal venus aujourd'hui, alors que nous leur continuons cette protection, à nous disputer cette faible élévation de tarif que le Gouvernement a jugé nécessaire pour faciliter l'écoulement de nos cotonnades et de nos filés de coton.

Le Tonkinois est de race annamite. Il est cependant plus fort, plus grand que l'Annamite de Cochinchine. Il s'habille de même façon, mais l'hiver relativement rude qu'il a supporter l'oblige à se vêtir plus chaudement. Il ne s'en suit pas que les tissus employés par les Tonkinois diffèrent sensiblement de ceux employés en Cochinchine. Au fur et à mesure que le froid devient plus rigoureux, le Tonkinois met deux, trois et même quatre vêtements. Il les enlève au fur et à mesure que la chaleur s'élève.

L'usage de tissus plus lourds et plus résistants s'implantera probablement, lorsque nous leur en auront fait apprécier l'utilité et l'économie. Pour le moment, il n'y a pas de débouchés pour ces produits.

Par le tableau annexe n° 4 vous verrez qu'il entre bien moins de cotonnades au Tonkin qu'en Cochinchine, alors que le chiffre de la population est près de dix fois supérieur à celui de la Cochinchine. Cela tient à ce que les Tonkinois importent des filés de coton pour la chaîne des tissus qu'ils tissent eux-mêmes, et dont ils font la trame avec les filés de coton qu'ils filent également eux-mêmes avec le coton du pays.

Les cotons écrus et blanchis et l'andrinople uni et damassé, dont vous trouverez des échantillons dans la collection, sont les principaux tissus importés au Tonkin. Il n'y a que quelques marques; les échantillons n^os^ X-Y vous montrent des tissus importés pour la fournitureà l'armée. Le coton croisé " *American Drill* " est très employé. Il se fait peu de consommation de cretonne, cretonnette pour robes, chemises, etc. Les Européens sont à peu près les seuls consommateurs de ces articles. Le Tonkinois teint lui-même ses tissus. Les moyens primitifs de tissage dont les deux photographies ci-jointes vous donneront une idée, et le bon marché de la main-d'œuvre leur permettent de fabriquer leurs tissus à un prix relativement bas et qu'il nous serait peut-être impossible d'atteindre. L'écru tonkinois se vend en moyenne 20 centimes le mètre, et 30 centimes lorsqu'il est teint. Les trois teintes sont le noir, le brun rouge et le bleu. Le brun et le blanc sont moins employés que le noir.

Pour les filés de coton, les n°s 20 et 40 sont les seul employés. Plus des trois quarts (85 0/0 environ) viennent de Bombay, tandis que le reste vient de Manchester. Des tentatives d'importation de filés de coton fabriqués à Pondichéry ont été faites, mais n'ont pas réussi ; ces filés étaient trop grossiers et trop jaunes.

Le prix de vente de la balle de coton filé n° 20 est de 88 à 90 dollars rendue à Haï-Phong, droits payés. Ces droits s'élèvent à 18 francs les 100 kil. ; avec les prix que les différents filateurs de Rouen m'ont remis, il ne paraît pas possible de pouvoir vendre les filés français n° 20 à ce prix. Il faudrait arriver à vendre ce numéro 1 fr. 80 au plus. J'ai établi, en effet, de la façon suivante le prix auquel pourrait être livrée à Haï-Phong une balle de coton filé n° 20 à 1 fr. 80.

La balle est de 181 kilogr. 500 : à 1 fr. 80, cela porte le prix à 324 francs. Dunkerque serait le port d'embarquement, puisque la ligne d'Anvers à Saïgon touche à Dunkerque. De Rouen à Dunkerque, soit 2 fr. par balle. Mettons 50 centimes pour la mise à bord : total, 327 francs ; le fret serait de 60 fr. la tonne de 750 kil., soit 15 francs par balle ; assurance 1 0/0, 4 francs ; débarquement, 1 fr. 25 et intérêt 1 0/0, 4 francs, soit 351 francs.

Au change de 3.90, cela fait 90 $ 50.

Pour le n° 40 qui paie 37 francs les 100 kilog. à son entrée, il serait facile d'écouler les filés de la place de Rouen. La balle de filés n° 40 se vend de 128 à 129 dollars rendue à Haï-Phong.

Les droits de douane ne sont donc pas suffisamment protecteurs pour le n° 20, tandis qu'ils protégent assez le n° 40. Il est à souhaiter qu'une nouvelle mesure soit prise qui renverse cet état de choses, puisque les cotons filés n° 20 forment les 85 0/0 de l'importation.

MÉTIER A TISSER EMPLOYÉ EN INDO-CHINE.

MÉTIER A TISSER EMPLOYÉ EN INDO-CHINE.

L'emballage des cotons filés consiste en une toile dont je joins l'échantillon aux filés. La balle est entourée de quatre cercles en feuillant peints en rouge. Les paquets de 5 kilog. chaque sont enveloppés très simplement dans du papier gris, qui protège d'ailleurs assez mal les filés. Cet empaquetage ne m'a pas paru soigné.

Pour les cotonnades et les filés de coton, Haï-Phong et Hanoï sont les deux grands centres d'approvisionnement. Mais c'est surtout à Hanoï que se trouve le stock le plus considérable. A Hanoï et dans les environs se trouvent en effet de nombreux métiers de tissage. La maison européenne qui importe le plus de filés est la maison de M. Dorel, l'ancien associé de M. Bourgoin; il n'importe que des filés de Bombay.

La maison Denis a déjà fait quelques tentatives d'importation de coton écru et de coton blanchi. M. Vincent, représentant de la maison à Haï-Phong, n'était pas encore satisfait. La marchandise qui lui avait été expédiée de Rouen avait besoin de certaines modifications. Les cotons filés qu'elle a importés conviennent très bien à la consommation, et elle en vend une certaine quantité. M. Vincent trouve cependant que cette importation n'est pas suffisamment rémunératrice. J'ignore où en sont aujourd'hui les étions épais de cette maison.

A Nam-Ninh et aux environs, sur le Fleuve Rouge, il y a aussi de nombreux métiers ; mais il n'y a pas une seule maison européenne établie en cet endroit.

Ainsi Hanoï et Nam-Dinh restent les deux contrées où se consomme le plus de filés ; le reste de l'importation s'en va au Yunman, par la voie du Fleuve Rouge. On ne connaît pas exactement la quantité qui passe ainsi en transit. Dans tous les cas, ces coton filés doivent revenir bien cher, quand ils arrivent dans le Yunnam.

Le frêt à l'intérieur du Tonkin est, en effet, excessivement élevé. On compte beaucoup sur la mesure prise par M. Constans pour arriver à une diminution sensible du fret. M. Constans a augmenté de 250,000 francs la subvention accordée à la maison Marty, d'Abbadie, dont la flottille dessert déjà plusieurs points. Dans son discours à la Chambre, M. Waddington n'exagérait pas en disant que les frais de transport doublaient le prix de la marchandise. Sur certains points, ce prix est parfois triplé et quadruplé.

C'est que, en dehors des voies fluviales, les voies de communication font défaut, dès qu'on a quitté la région du Delta et pénétré dans celle des montagnes, où il n'y a que des sentiers à peine tracés. Les transports se font alors avec des coolies.

M. Constans a affecté une assez forte somme d'argent à l'étude d'une ligne de chemin de fer reliant Hanoï à la partie supérieure du Fleuve Rouge. Il est à espérer que cette ligne sera enfin créée, car il y a tout lieu de croire que le trafic avec le Yunnam, par le Fleuve Rouge, s'augmentera dans des proportions considérables.

Nos importateurs du Tonkin, qui ont un esprit d'entreprise vraiment remarquable, ne manqueront pas d'en profiter.

On compte beaucoup sur l'immense débouché que le Yunnam offrirait à nos produits manufacturés. Il ne faudrait pas qu'un enthousiasme se créât à l'égard de Yunnam semblable à celui qui a précédé notre conquête du Tonkin. On s'exposerait peut-être à de grands mécomptes. J'ai fait le voyage en Extrême-Orient avec le célèbre explorateur Jean Dupuis, qui charmait mes loisirs du bord par le récit de ses aventureuses explorations. Il m'a fait ressortir l'écoulement que vos cotonnades et vos filés trouveraient dans cette contrée. Certes, M. Dupuis est une autorité en pareille matière; mais j'ai entendu quelques notes discordantes au sujet de cet avenir au Yunnam, et je crois devoir m'en faire l'écho pour tempérer votre enthousiasme, s'il paraissait excessif.

Je n'ai visité que Haï-Phong, Hanoï et Nam-Dinh. Les eaux du Fleuve Rouge étaient trop basses pour me permettre de gagner rapidement Langson ou Laokaï. Je suis resté deux jours échoué sur le Fleuve Rouge, entre Hanoï et Haï-Phong. Il est probable que j'aurais mis longtemps à visiter la région supérieure du Tonkin. Je sais que la population est aussi très-douce dans cette région; que Lao-Kaï et Langson sont des marchés très importants. Mais il n'était pas besoin de m'y rendre pour obtenir les renseignements dont j'avais besoin. Haï-Phong est le port d'importation. C'est là que se trouve la Direction des Douanes, et grâce à un de vos compatriotes, M. Delestre, à la bienveillance duquel je me plais à rendre hommage, j'ai pu être exactement renseigné sur tous les produits qui entrent au Tonkin. M. Delestre a été pendant vingt ans employé aux Douanes chinoises de Shangaï. Il est maintenant évaluateur à la douane de Haï-Phong. D'aucuns avaient prétendu que le tarif général était mal appliqué; le directeur des douanes, M. Rocher, est un anglophile peut-être exagéré ; mais avec M. Delestre, nous avons pu vérifier, tarif en main, que l'application du tarif était bien ce qu'elle devait être.

C'est à M. Delestre que je dois un renseignement qui intéressera particulièrement M. Fromage. Au fur et à mesure qu'on ouvrait les caisses et ballots à la douane de Haï-Phong, je m'empressai d'en examiner le contenu et de me renseigner sur tous les articles qui m'intéressaient. Quelle ne fut pas ma surprise de voir une caisse de jarretières. C'étaient les premières que je voyais en Indo-Chine.

M. Delestre m'expliqua que cet article était consommé par les Chinois du Tonkin, qui se vêtissent plus chaudement que les Tonkinois et portent des espèces de bas ou caleçons.

Sans que j'aie parlé à M. Delestre de M. Fromage, il s'empressa de me dire : Voilà l'article Fromage qui est passé par l'Angleterre pour nous arriver ici par Hong-Kong et Shanghaï. Malheureusement, la consommation est comme celle de la chemise. Elle est on ne peut plus restreinte.

Nos négociants établis au Tonkin ont une qualité maîtresse, un esprit d'entreprise peu commun. C'est, sans nul doute, à cet esprit qu'est dû le développement rapide et extraordinaire de Haï-Phong, développement que l'on peut rapprocher du développement légendaire de certaines villes d'Amérique. Ce n'est pas ici le lieu de vous signaler leurs entreprises diverses, mais il en est une sur laquelle j'appellerai votre attention.

Le coton croît très-bien dans la province de Tagne-Hoa et dans celle de Nim-Binh, un peu partout d'ailleurs au Tonkin.

Une partie de ce coton est consommée dans le pays et l'autre est exportée. Le tableau ci-dessous nous donne les quantités de coton exportées de 1880 à 1884 :

		1884	1883	1882	1881	1880
COTON.	Non égrené.....	112.211	167.495	77.180	35.130	16.185
	Egrené.........	72	304.84	128.85	10.110	29.268

Cette production de coton est très variable; mais il reste acquis que le sol du Tonkin se prête fort bien à cette culture. M. Bourgoin, établi à Hanoï et encouragé par le développement des filatures dont le chiffre croît tous les jours au Japon et même en Chine, a alors songé à cultiver le coton et à installer une filature au Tonkin. Il a obtenu de M. Constans la concession de 15,000 hectares, à raison de 1 fr. l'hectare; et il s'est rendu à Hong-Kong pour y trouver les capitaux nécessaires à l'exploitation de ces 15,000 hectares et à l'établissement d'une filature.

Les études préliminaires sur la production régulière du coton n'ont pas été faites. Pour cette raison ou toute autre, M. Bourgoin n'a pas trouvé à Hong-Kong les capitaux nécessaires. Je doute fort qu'il les trouve en France, à moins que nos capitalistes ne s'y trouvent encouragés par l'appui du Gouvernement. Mais ce dernier ne peut prêter actuellement que l'appui de nos troupes, dont l'effectif absorbe les trois quarts du budget de l'Indo-Chine. Cet appui n'est pas suffisant, et je crains bien que les capitaux ne fassent de longtemps défaut pour tirer du Tonkin le seul parti qu'il y ait à en tirer. Le sol y est d'une fertilité extraordinaire. Il est propre à des cultures qui, dans d'autres colonies, donnent de magnifiques résultats. L'exploitation agricole et les quelques industries auxquelles elle donne lieu, auraient, en outre, l'avantage de donner du travail aux milliers de Tonkinois inoccupés, d'assurer la tranquillité du pays et de donner aux indigènes le peu d'argent qui leur manque pour acheter vos cotondades.

Je ne vous mentionne pas les produits à importer du Tonkin en France. A part la badiane et les bois, il n'y en a pas encore qui soient susceptibles de l'être pour servir aux échanges.

ILE D'HAINAN & HONG-KONG

En quittant le Tonkin, je me rendis à Hong-Kong qui est relié à Haï-Phong par un service régulier de bateaux à vapeur appartenant soit à la maison Roques, soit à la maison Pila. Les navires indépendants qui relient l'Annam, le Tonkin et Hong-Kong, sont d'ailleurs nombreux.

Au sortir de la baie d'Along. on rencontre l'île d'Haïnan, qui appartient à la Chine. Les navires s'arrêtent rarement à Hoï-Haü, le principal port et même l'unique, je crois, que possède l'île d'Haïnan. J'eus la bonne fortune de m'y arrêter, le navire à bord duquel je me trouvais ayant à prendre des marchandises. Je visitai Hoï-Haü ; et, grâce au complaisant accueil de l'agent de la maison Pila, je pus me rendre à Kien-Chou, la capitale de l'île Kien-Chou se trouve à une dizaine de kilomètres de Hoï-Haü.

Dans cette petite excursion de deux jours, je fus frappé de la densité de la population à Hoï-Haü et à Kien-Chou, de l'animation et du va-et-vient qui existe entre ces deux villes.

Sur la route de Hoï-Haü à Kien-Chou, je remarquai que les indigènes portaient sur leurs épaules quantités de cotons filés et de cotons écrus et blanchis. Ces produits sont de la même nature que ceux employés au Tonkin, et je regrettai alors que l'île d'Haïnan ait été laissée aux Chinois. La conquête nous eût coûté moins de sacrifices que notre tentative à Formose, et la surveillance nous serait facile, puisque l'île se trouve à l'entrée de la baie d'Along.

A mon arrivée à Hong-Kong, je fus l'hôte de notre sympathique compatriote, M. Marty, dont la famille a trafiqué dans ces contrées pendant plus de trente ans, et qui lui-même est établi à Hong-Kong depuis une vingtaine d'années. M. Marty avait compris, voilà longtemps déjà, tout le profit que pourrait procurer l'écoulement de nos cotonnades en Chine et en Indo-Chine. Il s'est donc adressé à l'industrie française qui ne lui a pas donné satisfaction. Je le trouvai très-sceptique à l'endroit des résultats de ma mission. Il voulut bien toutefois me faire bénéficier de son expérience. Grâce à lui, je pus me rendre un compte exact du marché des tissus et filés de coton à Hong-Kong et contrôler les renseignements recueillis au Tonkin.

Nous n'avons à Hong-Kong qu'une seule maison française qui se livre au commerce en gros. Toutes les autres maisons sont ou anglaises ou allemandes. Le nombre de ces dernières augmente tous les ans. Toutes ont des stocks considérables de marchandises qui s'écoulent dans les provinces méridionales de la Chine par le Tonkin et Canton, à Manille, en Annam, et dans l'archipel de la Sonde.

Les tableaux qui suivent vous donneront une idée de l'importance de cet immense entrepôt, et vous indiqueront en même temps la situation du marché des tissus et filés de coton à Hong-Kong.

CAMBODGE

De Hong-Kong, je me rendis à Saïgon et remontai ensuite de Mèkong jusqu'à Pnom-Penh, la capitale du Cambodge.

Le Cambodge est aujourd'hui pacifié. Nous avons rétabli sur son trône le roi Norodom; et, grâce à la sage politique de notre résident général au Cambodge ; l'honorable M. de Champeaux, cette pacification est pour longtemps assurée. En fait, elle durera tant que nous laisserons au roi Norodom l'administration de son royaume. Nous avons établi quelques résidents dans le pays ; les troupes ont été à peu près complètement retirées. On n'a laissé que le nombre de postes nécessaires à la protection de nos résidents et à la surveillance du pays. Notre rôle se borne donc à contrôler les finances du royaume, car de par les traités, une bonne partie nous est attribuée. En dehors de là, le mot d'ordre de M. de Champeaux est de s'occuper du pays le moins possible. C'est là pour lui le critérium d'un bon résident.

Le roi Norodom paraît fort bien s'accommoder de cette situation. Sans doute, il aimerait mieux garder pour lui seul la libre disposition des revenus entiers du royaume; mais, très intelligent et très sceptique, il sait qu'il serait inutile de nous résister plus longtemps. Il a plus à gagner à rester notre ami qu'à devenir notre ennemi. Par les égards que nous lui témoignons, nous affermissons son prestige aux yeux de ses sujets; et, grâce à notre protection, il peut affronter la haine séculaire qui a toujours divisé le Siam et le Cambodge. Pour bien montrer sa ferme intention de respecter les traités, il s'est rendu, en avril, à l'invitation de notre gouverneur général, M. Constans, qui a donné en son honneur des fêtes très-brillantes. C'est encore là un succès de la politique suivie par M. Constans, car il y a bien longtemps que le roi Norodon ne s'était rendu à Saïgon.

Les négociants et les explorateurs peuvent donc circuler librement en toute sécurité dans tout le Cambodge. Ils trouveront même chez le roi Norodom et auprès de ses mandarins les meilleures dispositions à faciliter le développement des relations commerciales entre les deux pays. On peut même dire que c'est à la protection du roi Norodom qu'est dû le succès de quelques établissements français établis à Pnom-Penh, la capitale du Cambodge.

Comme aspect, le Cambodge ressemble beaucoup à la Cochinchine. Toutefois les terres y sont beaucoup plus élevées, et sur les rives du Mékong qui ont une élévation moyenne de cinq à six mètres au-dessus des basses eaux, le sol se prête à une culture plus variée que celui de la basse Cochinchine; ce dernier est dans un état constant d'humidité, ce qui ne permet guère d'y cultiver autre chose que le riz. Au Cambodge, au contraire, la culture du riz ne peut se faire que dans les parties basses, tandis que sur les plateaux toutes les cultures sont possibles.

Ce pays complète donc admirablement notre colonie de Cochinchine.

La population du Cambodge, qui s'élève à environ un million et demi d'habitants, est un mélange de Cambodgiens, de Malais, de Chinois et d'Annamites. Le Cambodgien diffère complètement de l'Annamite, avec lequel il ne vit d'ailleurs en bonne intelligence bue grâce à la protection que nous accordons à l'un et à l'autre. C'est une race toute différente. Physiquement, le Cambodgien est bien supérieur à l'Annamite. Il est grand et vigoureux, et se rapproche des races noires. Moralement, ils se valent.

La langue diffère non moins complètement de la langue annamite.

Le Cambodgien porte pour tout vêtement une bande de cotonnade de nuance sombre qu'il s'enroule autour de la ceinture, ainsi que le font les nègres d'Afrique et les Malabars. Les femmes se vêtissent à peu près de la même façon; mais elles se couvrent le buste au moyen d'une cotonnade analogue.

MARCHÉ DE HONG-KONG, à la date du 6 mars 1888 et du 15 février 1888.

COTONS, COTONS FILÉS ET COTONNADES. — PRIX ET VENTES.

PROVENANCE	6 MARS.	15 FÉVRIER.	
Coton brut.	—	—	
Bombay fin.	$ 12.00 à 13.50 le picul.	$ 10.00 à 14.50.	
» moyen	10.00 à 12.00 »		
Madras.	14.00 à 15.25 »	13.50 à 15.00.	
Kurrachee	13.00 à 14.25 »	10.00 à 14.50.	
Bengale fin.	13 25 à 14.00 »	10.00 à 14.50.	
Id. moyen.	11.00 à 12.50 »		
Shangaï.	15.25 à 16.00 »	15.00 à 17.00.	
Rangoon	16.00 à 16.50 »	10.00 à 14.50.	
Ningpo.	12.00 à 16.00 »	16.00 à 17.00.	
Tunghow.	15.50 à 16.50 »	16.00 à 17.00.	
Saïgon.	11.00 à 17.30 »		
Cotons filés.		**Ventes du 15 février 1888.**	**Ventes du 6 mars 1888.**
Bombay nos 10 à 20. . . .	$ 63.50 à 82.50 pr balle	No 10. . $ 60 à $ 68.00.	50 balles à 67 piastres par *Hody et Co*.
Manchester angl. nos 16 à 24	103.50 à 106.00 —	No 16. . 68 à 74.50.	40 » 66.50 » par Ruttinger et Co.
» » 28 à 32	104.00 à 107.50 —	No 20. . 73.50 à 82.50.	20 » 78.00 » par J. David et Co. 20 » 80.50 » par E. Pulaney et Co.
» » 38 à 42	110.00 à 113.50 —	Arrivées : 11.000 balles. Ventes et expéditions, 7,800 balles. Stock : 10,000 balles.	20 balles no 20 à 80.50. . . . . . } par Abdoo- 30 » » de 77 à 78.50. } lalley et Co.
Cotons écrus.			**Stock.**
Grey Shirtings. .	6 lbs.	$ 1.20 à 1.23.	10,600 pièces.
» . .	7 »	1.52 1/2 à 1.61.	6,800 »
» . .	8.4 lbs.	1.70 à 2.21.	13,150 »
» . .	9 à 10 lbs	2 82 1/2 à 3.02 1/2.	5,250 »
White Shirtings.	54 à 56 reed	1.67 1/2.	1,000 »
» .	58 à 60 »	3.65 à 3.85.	
» .	64 à 66 »	2.45.	2,500 »
Tea Cloths. . . .	6 lbs (32) pouces ordinaires . .	1.15.	
» . . .	7 » » » » . .	1.45.	
» . . .	6 » » mexicains	1.42 1/2 à 2.10.	3,000 »
» . . .	7 » » »	1.65 à 2.05.	7,475 »
» . . .	8 à 8,4 (36) mexicains.	1.75 à 2.39.	16,800 »

Drill anglais, 40 yards. — 13 3/4 à 14 lbs. $ 3.10 à $ 3.20.

MARCHÉ DE HONG-KONG.

Cotons, Cotons filés et Cotonnades, Prix et Ventes.

La situation au 16 janvier.

			Ventes.
COTONS FILÉS. . . .	Bombay n°s 10 à 20.	$ 62 à 98 la balle.	3.100 balles.
	Manchester n°s 16 à 24.	101.5 104 »	885 »
	» 28 à 32.	106 »	105 »
	» 38 à 42.	109 114 »	75 »
Arrivées.		8,000 balles.	
Ventes et expéditions.		8,000 »	

			Ventes.
GREY SHIRTINGS. . .	6 lbs	$ 1.20 la pièce.	5.400 pièces.
	7.	1.52 1/2 à 1.77 1/2.	13.250 »
	8.4.	1.67 1/2 à 2.22 1/2.	31.550 »
	9 à 10.	2.62 1/2 à 2.87 1/2.	6.200 »

			Ventes
WHITE SHIRTINGS. .	54 à 56 reed	$ 1.67 1/2.	1.500 pièces.
	58 à 60 »	3.65 à 3.85.	
	64 à 66 »	2.40 à 3.75.	4.100 »

			Ventes.
T. CLOTHS.	6 lbs. 32 pouces ord..	$ 1.60 à 1.70.	
	7 » » » » .	1.45.	5.800 pièces.
	6 » » » Mexicains	1.20 à 1.50.	
	7 » » »	1.42 à 2.10.	36.110 »
	8 à 8,4. 36 pouces. . .	1.62 1/2 à 2.27 1/2.	12.980 »

ROUGE ANDRINOPLE, 2,4 à 3 lbs. $ 1.12 1/2 la pièce.

Les cotonnades françaises, dont les Cambodgiens paraissent avoir définitivement adopté l'emploi, trouveront dans ce pays un débouché de plus en plus important. L'indigène achète cet article par coupe de 3^m50. Il s'en fait déjà une assez grande consommation destinée à s'accroître par l'appoint que lui apportent les habitants du Laos et du Siam, dès que cet article importé en quantité suffisante cessera d'être un article de luxe. Les habitants du Laos et du Siam se vêtissent, en effet, comme les Cambodgiens, et de grands efforts, auxquels je suis heureux de rendre hommage, viennent d'être tentés tout dernièrement pour ouvrir le Laos et le Siam au commerce français.

Au retour de son exploration, j'ai fait, à Saïgon, la connaissance de M. Camille Gauthier, qui de Bangkok s'était rendu au Laos et avait ensuite descendu le Mékong. Son impression est que les cotonnades françaises employées au Cambodge conviendraient parfaitement aux populations du Laos et du Siam. Il a obtenu du gouvernement de l'Indo-Chine que la Compagnie des Messageries fluviales de Cochinchine, dont les bateaux à vapeur font deux fois par semaine un service régulier entre Saïgon et Pnom-Penh, se rendent désormais dans la partie supérieure du Mékong, dont la navigabilité et l'importance au point de vue commércial ont eté reconnues. M. Camille Gauthier est d'ailleurs actuellement en France; et, comme il se prépare à poursuivre le développement de nos relations commerciales avec le Laos et le royaume de Siam, j'espère que vous aurez l'occasion de le voir avant son départ pour l'Indo-Chine.

C'est par Saïgon que se fait tout le commerce d'importation et d'exportation du Cambodge, de telle sorte qu'on ne peut être fixé d'une façon positive et exacte sur l'importance du commerce des cotonnades au Cambodge, bien des négociants de Pnom-Penh s'approvisionnant dans les maisons chinoises de Cholen au fur et à mesure de leurs besoins. Il est évalué approximativement à un million et demi de francs, somme qu'il faut alors déduire des 1,908,285 fr. piastres représentant la totalité des importations des cotonnades en Cochinchine.

La ville principale du Cambodge est Pnom-Penh, admirablement située au confluent du Toulé-Sap, déversoir des grands lacs et du Mé-Kong. C'est dans cette ville que viennent converger tous les produits du Cambodge et même du Laos, malgré les efforts de la cour de Siam pour détourner ces derniers au profit de Bangkok. Les communications entre Pnom-Penh et Saïgon sont d'ailleurs nombreuses et faciles.

C'est à Pnom-Penh qu'est établi le dernier poste des douanes.

Je me suis entretenu avec l'agent des douanes. Il n'a pu me fournir aucun renseignement précis, mais il m'a suffi de me promener d'un bout à l'autre de la principale rue de Pnom-Penh, où se trouvent réunis tous les marchands de tissus divers, pour me rendre compte que tous les magasins vendaient des cotonnades.

La cotonnade couleur (article de Rouen et de Roanne) est la plus employée par les Cambodgiens. Il se vend plusieurs qualités dont les prix en fabrique vont de 50 centimes à 1 fr. 20 le mètre. Les dispositions les plus goûtées sont les *mille-raies*, et les nuances le bleu, le violet et le marron comme couleur dominante. C'est l'article français qui est le plus répandu. La succursale de la maison Speidel, établie à Pnom-Penh importe cet article de Suisse; et il faut croire qu'elle trouve ce dernier encore avantageux malgré l'application du tarif général, car j'en ai vu une grande quantité dans ses magasins. L'article de Rouen est importé par la maison Maro, qui m'a paru s'être créée ainsi une spécialité. La maison Maro traite directement avec Rouen qui lui envoie les marchandises coupées et pliées comme on a l'habitude de les couper et de les plier à Rouen. Le résultat acquis auprès des consommateurs est de bon augure pour l'avenir.

Je vous apporte deux échantillons d'un article très répandu dans le Cambodge et désigné sous le nom de *Sampote*. Les indigènes l'enroulent autour de la ceinture ; cet article est en soie ou en coton, suivant le rang du consommateur.

Le représentant d'une maison de Roanne, qui m'avait précédé de quelques jours à Pnom-Penh, a établi là une agence dirigée par un jeune français, M. Leriche. Il m'a été dit à Saïgon qu'il lui avait fait un dépôt de 4 à 5,000 francs de marchandises. Cet agent est depuis trop peu de temps établi pour avoir aujourd'hui une certaine importance.

Les cotons écrus et blanchis et le rouge andrinople employés au Cambodge sont de la même qualité que ceux employés en Cochinchine. La température y est uniformément aussi élevée qu'en Cochinchine, parfois même davantage. Ce sont donc des tissus d'un poids léger.

Les foulards coton sont d'origine allemande. L'article français pourra être importé. Le seul article qui se vende est le foulard à fond rouge et dont le prix ne dépasse pas 3 fr. 50 la douzaine. (Voir l'échantillon M.)

Les ficelles pour filets de pêche constituent après les cotonnades le plus gros article d'importation. Cet article est importé de Hong-Kong et est de fabrication anglaise ou belge. MM. Saint frères ne fabriquent pas cet article à un prix aussi bas. Quant aux indiennes cretonnes et cretonnettes, il en est fait très peu usage.

Comme produits à exporter, le Cambodge fournit les articles suivants : Graines de sésame, peaux de buffle, de bœufs, de cerfs, de tigres, de serpents boas ; cornes de buffle ; gomme laque, gomme gutte ; cordonnerie première qualité ; laudanum sauvage ; vessies de poissons ; huile de poissons ; écailles de tortues ; carapaces de tortues ; sucre de palmier, haricots blancs secs, coton, poivre et indigo.

Le produit le plus important qui pourrait servir aux échanges entre la France et le Cambodge, est l'huile de poissons, qui se fabrique en quantités considérables au moment de la pêche des grands lacs. Quant au coton dont je vous remets les échantillons, on ne le cultive nulle part au Cambodge d'une façon régulière et sérieuse. Une grande exploitation donnerait peut-être de bons résultats. Mais la main-d'œuvre fait défaut. Sur une étendue de territoire à peu près égale à celle du reste de l'Indo-Chine, il y a peine un million et demi d'habitants. L'Administration devrait donc s'efforcer plus tard de diriger sur ce pays le trop plein de la population qui existe au Tonkin ; jusque-là, ce pays restera pauvre, très pauvre même, et nous ne devons pas nous attendre à ce que le chiffre des importations des cotonnades dépasse sensiblement celui auquel il s'élève aujourd'hui.

SINGAPORE

A mon retour en France, je m'arrêtai une dernière fois à Singapore, où je pus constater l'importance de ce vaste entrepôt, où s'entassent des marchandises de toute sorte. C'est le grand marché auquel vient s'approvisionner l'archipel de la Sonde, la Cochinchine, le Cambodge, le Siam, la Birmanie et la presqu'île de Malacca. Les grandes maisons de gros sont toutes entre les mains des Anglais et des Allemands.

Il m'a été possible de visiter deux maisons se livrant particulièrement au commerce des cotonnades et de contrôler sur place les renseignements recueillis en Indo-Chine. Je joins ci-dessous un tableau qui vous montrera le prix de gros des divers tissus qui se vendent à Singapore.

Marché de Singapore, à la date du 23 avril

COTONS ÉCRUS & BLANCHIS, ANDRINOPLES

T. CLOTHS ET GREY SHIRTINGS

SHIRTINGS	Larg. 39 pouces.	— Long. 38 1/2 à 39 yards,	6 lbs	de $ 1.17 1/2 à 1.25	la pièce
	» » »	» » » »	7	» 1.40 à 1.62 1/2	»
	» » »	» » » »	8 1/4	» 1.65 à 2.20	»
	» » »	» » » »	9	» 2.20 à 2.55	»
	» » »	» » » »	10	» 2.70 à 2.99	»
	» » »	» » » »	9	» 2.10 à 2.60	»
SHIRTINGS sup[rs]	Larg. 34 à 36 pouces.	—Long. 26 yards,	4 à 5 lbs	de $ 1.17 1/2 à 1.60	la pièce
	» » » »	» » »	5 à 5 1/2	» 1.47 1/2 à 1.67 1/2	»
	» » » »	» » »	5 1/2	» 1.97 1/2 à 1.90	»
T. CLOTHS	Larg. 30 pouces.	— Long. 24 yards,	4 lbs	de $ 0.92 1/2 à 0 95	la pièce
	» » »	» » »	5 »	» 1 » à 1.05	»
	» » »	» » »	5 1/2	» 1.05 à 1.25	»
	» » »	» » »	6 »	» 1.12 1/2 à 1.35	»
	» » »	» » »	7 »	» 1.27 1/2 à 1.57 1/2	»
	» » »	» » »	7 à 8	» 1.67 1/2 à 1.80	»

WHITE COTONS (Cotons blanchis)

	Largeur	Longueur	Qualité	Prix	
SHIRTINGS	Larg. 30 à 36 pouces.	— Long. 40 yards,	Commun	$ 1.90 à $ 2.50	la pièce
	» » » »		Moyen	» 2.50 à » 3.50	»
	» » » »		Fin	» 3.50 à » 4.60	»

MADAPOLAMS. — Larg. 24 yards. — Larg. 28 à 36 pouces $ 1.30 à $ 2 » la pièce

ROUGE ANDRINOPLE

Long. 24 yards.	—Larg. 30 à 32 pouces	1 liv. 3/4 à 2 lbs	$ 1.07 1/2 à 1.17 1/2	la pièce
» »	» »	2 » 1/4 à 2 1/2	» 1.25 à 1.32 1/2	»
» »	» »	2 » 3/4 à 3	» 1.35 à 1.60	»
» »	» »	4 » 3/4 à 6	» 2.20 à 2.80	»
» »	» 45 pouces *lourd ?*		» 2.30 à 2.75	»

CONCLUSIONS

La description des contrées que je viens de parcourir est nécessairement incomplète. Quelques mois seulement m'étaient accordés pour étudier notre immense colonie. Mais des études très-intéressantes ont déjà été publiées sur chacune des parties de l'Indo-Chine ; ces études achèveront d'édifier ceux d'entre vous, Messieurs, qu'intéresseraient l'ethnologie, la philologie et l'organisation politique et administrative de ces contrées. Je me suis surtout attaché dans mon rapport à vous exposer tout ce qui a le plus directement trait au commerce des cotonnades, la seule question d'ailleurs que j'avais mission d'étudier.

Je crois vous avoir donné sous ce rapport une image exacte de la situation telle quelle est en réalité.

De l'ensemble des renseignements que je vous apporte, il doit ressortir ceci : c'est que l'industrie cotonnière de Normandie fabrique ou est susceptible de fabriquer tous les genres de tissus de coton employés en Indo-Chine. Il vous suffira d'ailleurs pour vous en convaincre, de jeter un coup d'œil sur les échantillons qui complètent et accompagnent mon rapport.

Je ne doute pas que vous ne soyiez à même d'apporter dans la fabrication de ces tissus toutes les modifications que je vous ai signalées, et j'ai le ferme espoir que vous arriverez à supprimer le léger écart qui pourrait exister entre vos prix de revient et les prix de revient des cotonnades étrangères. J'espère tout au moins que vous le réduirez de façon à obtenir un prix à peu près équivalent à celui de ces dernières.

Vous avez, en effet, certaines modifications à faire. Je suis certain que vous pourrez les faire. Mais je ne suis pas assez homme du métier pour pouvoir dire d'une façon positive à chacun de vous s'il est capable ou non d'apporter ces modifications et d'atteindre un prix de revient égal à celui des cotonnades étrangères. Je n'ai pu que vous donner tous les éléments qui, ajoutés aux moyens d'action de chacun de vous, vous permettront de suppléer à mon incompétence.

Mais, suivant moi, il vous est possible d'écouler en Indo-Chine les produits de votre fabrication modifiés comme il convient. Les entraves diverses apportées à l'écoulement des cotonnades étrangères par l'application du tarif général des douanes sont telles qu'avec quelques efforts et quelques sacrifices au début vous parviendrez avant peu à éliminer les produits étrangers du marché indo-chinois.

Il est sans doute de la plus grande importance de fabriquer des tissus semblables à ceux dont je vous apporte les échantillons, de les couper dans les mêmes dimensions, de les plier de la même façon et de les expédier dans les mêmes conditions. Mais il est non moins important de se préoccuper des moyens d'écoulement qui doivent être employés.

Lorsque je suis parti pour l'Indo-Chine, je n'ai nullement entendu spéculer sur la somme que vous m'aviez votée pour l'accomplissement de ma mission. J'entrevoyais la possibilité pour moi de bénéficier sous peu des divers avantages que vous procurerait l'écoulement de vos tissus. Cette perspective seule constituait le bénéfice à venir de ma mission. Je comptais donc avoir l'honneur et l'avantage de poursuivre avec vous la lutte contre la concurrence étrangère. Malheureusement j'ai été très-éprouvé par le climat de l'Indo-Chine. Je fais la part des fatigues d'une course incessante, car en quelques mois seulement j'ai parcouru la Cochinchine, l'Annam, le Tonkin, le Cambodge et visité l'île d'Haïnan, Hong-Kong et Singapore. Mais je n'ai pu m'empêcher de reconnaître que le climat de l'Indo-Chine, aussi bien celui du Tonkin que celui de la Cochinchine, étaient contraires à ma constitution. Je ne dois qu'à mes déplacements continuels de n'avoir pas été éprouvé plus sérieusement. Oh ! je ne prétends pas condamner d'une façon absolue le climat de ces contrées. D'aucuns s'en accommodent très-bien, et d'autres au contraire en sont victimes. J'ai vu au Tonkin des Français qui y vivent depuis nombre d'années et qui y jouissent d'une santé florissante. Quelques-uns préfèrent même le climat du

Tonkin à celui de la France. A côté de ces natures privilégiées, j'ai vu de nouveaux venus dans la colonie foudroyés par le choléra, ou terrassés par la fièvre, quelques semaines, quelques mois après leur arrivée.

Selon moi, notre colonie est un vrai champ de bataille avec ses fortunes diverses. Je ne le braverai pas une seconde fois.

Je ne puis donc, à mon grand regret,vous apporter le concours financier qui m'avait été personnellement promis à Paris, au cas où j'aurais entrevu des bénéfices possibles. Mais je vais vous exposer ce qu'il convient de faire.

Pour l'introduction de nouvelles marques ou d'un nouveau produit dans un pays quelconque, la vente au détail est très-souvent un moyen de propagande très efficace. Il suffit que ces établissements de détail soient nombreux et disséminés dans tout le pays. Pouvez-vous avoir en Indo-Chine de semblables établissements ? Non.

Le détaillant français trouverait dans le détaillant chinois et le détaillant malabar des adversaires à peu près invincibles. Ceux-ci n'ont pas les mêmes besoins que l'Européen et ramènent leurs frais généraux à un minimum que vous ne sauriez atteindre. L'Européen lui-même va le plus souvent faire ses achats dans les magasins chinois et chez les Malabars où il trouve les objets dont il a besoin à meilleur marché que chez le débitant français. Il se fait même habiller par les ouvriers chinois.

Si vous ne devez nullement songer à établir des magasins de détail, il vous est cependant possible de tirer parti des qualités que possède le Chinois. Lui seul peut vulgariser l'emploi de nos produits. La facilité avec laquelle il pénètre dans l'intérieur lui permet de faire arriver nos articles dans des villages où nous ne pourrions les porter nous-mêmes. Et l'Annamite, qui se déplace peu, n'ira pas les chercher à Hanoï ou à Haï-Phong, ou à Saïgon.

La maison chinoise qui importe les produits du pays, a des acheteurs qu'elle envoie dans les villages les plus reculés du Tonkin, de l'Annam et même du Laos. Ces acheteurs font aux cultivateurs de l'intérieur des avances soit en argent, soit en marchandises de pacotille qu'ils emportent avec eux dans leurs tournées et reçoivent en échange les produits du sol, qui ne leur sont livrés le plus souvent que plusieurs mois après. Les difficultés, auxquelles se heurterait le négociant français qui voudrait suivre le Chinois dans cette voie en employant à ce travail des Européens, sont presque insurmontables. Il n'y trouverait aucun bénéfice, et il agira d'une manière plus conforme à ses intérêts en payant au Chinois une petite commission.

Si, d'autre part, nous tenons compte de ce que le détaillant chinois ou malabar va se réassortir au fur et à mesure de ses besoins dans la maison de gros qui est à sa portée, et de ce qu'il ne fait pas d'approvisionnements et achète au jour le jour pour le besoin de sa vente, nous sommes amenés à établir dans les principaux centres des maisons de gros dans lesquelles le détaillant chinois ou annamite ira s'approvisionner.

Nos rivaux les Anglais et les Allemands possèdent dans tout l'Extrême-Orient d'importantes maisons abondamment pourvues de marchandises de toute nature et toujours approvisionnées de manière à suffire en tout temps aux besoins de la place. Aussi, qu'arrive-t-il ? C'est que les maisons chinoises établies en Indo-Chine et même des maisons françaises vont s'approvisionner à Hong-Kong ou à Singapore, où les Anglais et les Allemands possèdent des stocks considérables de cotonnades constamment renouvelées.

Les maisons étrangères forment des groupes réunissant cinq, six ou dix maisons. Ces groupes font choix d'un agent sérieux qu'ils envoient à l'étranger, et à qui ils confient des fonds de roulement et un stock de marchandises souvent fort important.

Telle est, Messieurs, l'organisation de vos rivaux. Et là est le secret de leur force, bien plus que dans la supériorité de leurs produits et dans l'écart qui peut exister en leur faveur dans les prix malgré l'application du tarif général.

Vous devez donc suivre vos rivaux, sous peine de voir le marché de cette grande colonie Indo-Chinoise, vous échapper sans retour.

Vous avez eu primitivement l'idée qu'il vous serait possible de faire avec l'Indo-Chine des affaires à la commission. Je vous ai déjà dit qu'elle était mon appréciation sur ce système, dont j'ai pu étudier les avantages et les inconvénients pendant les deux ans que j'ai vainement consacrés à la création de comptoirs français au Canada. Toutefois, ne connaissant pas l'Indo-Chine, je fis mes réserves et partageai quelque peu votre espoir, que ce système serait applicable à ce pays. Après avoir vu et expérimenté, je viens vous dire de ne pas songer à ce système. Envoyer dans ce but en Indo-Chine un agent possédant toutes les qualités requises, l'honnêteté, l'intelligence, la jeunesse et la santé, c'est compromettre à brève échéance son crédit, sa santé, son avenir et vos intérêts; car il n'est pas un négociant chinois ou malabar qui consentira à commissionner des marchandises qu'il ne pourra recevoir que trois ou quatre mois après sa demande. Seules, de grosses maisons pourraient opérer ainsi. Elles n'existent pas. Le Chinois n'admet pas d'ailleurs que l'on achète une marchandise sans la voir. Quant au négociant européen, je vous ai indiqué dans le cours de ce rapport toutes les raisons qu'il a faites valoir pour rejeter un pareil système.

Il ne vous reste plus qu'à monter vous-mêmes des maisons de gros à Saïgon, à Haï-Phong, etc., ou à vous servir des maisons de gros déjà établies comme intermédiaires pour l'écoulement de vos produits. J'examinerai laquelle de ces deux combinaisons est la plus pratique et la plus avantageuse.

Si vous désirez établir une maison de gros pour votre propre compte, vous devez d'abord vous syndiquer entre vous, fournir un stock de marchandises et souscrire le capital argent qui devra subvenir aux frais généraux d'établissement sur divers points.

Il serait possible, en effet, de créer une maison de gros dans ces conditions, avec un peu de patience et quelques sacrifices au début. A l'aide de *compradores* intelligents et actifs, vous parviendriez à écouler vos produits avec la même facilité que les maisons chinoises ou les maisons européennes qui toutes emploient des *compradores*.

Ces derniers sont les êtres indispensables de toute grande maison. Le *comprador* est polyglotte, mais élevé à Hong-Kong ou à Shangaï,il parle de préférence l'anglais. Il sert donc d'interprète. Et, suivant ses moyens, il est ou simple commissionnaire pour toute espèce de choses, ou courtier travaillant pour son propre compte.

D'une manière générale,le *comprador* sert d'intermédiaire pour le placement des produits importés et l'achat des produits du pays. Mais dans toutes les opérations multiples auxquelles il se livre, il ne se porte jamais *ducroire,* ainsi que cela m'a été affirmé à plusieurs reprises. D'après les renseignements pris aux différentes banques, le *comprador* dépose quelquefois un montant assez élevé qui ne dépasse jamais 30 à 40,000 piastres. La moyenne de ce dépôt est de 3 à 4,000 piastres. Il leur sert de cautionnement. Mais tel *comprador* qui a en banque un dépôt de 4,000 piastres par exemple, aura en même temps un découvert de 80 à 100,000 piastres dans la maison européenne pour laquelle il travaille. Le *comprador* doit donc être constamment surveillé.

En établissant une maison de gros dans ces conditions, il ne faudrait pas compter sur des rentrées immédiates, c'est-à-dire sur les paiements au comptant. De même que vous ne devez pas chercher à amener la clientèle indigène à changer ses goûts, ses usages, ses routines et ses préférences,de même vous devrez adopter les ventes à terme. Les ventes se font généralement à trois ou quatre mois, et vous perdrez votre temps et votre argent à vouloir amener le commerce à changer cette habitude à laquelle se sont toujours soumises les maisons étrangères.

Il serait donc nécessaire d'avoir une première mise de fonds assez importante pour organiser vos maisons de gros sur le même pied que les maisons déjà établies. Les frais généraux d'installation et de mise en marche seraient assez élevés, car il ne faut pas songer à agir en petit. Vous seriez écrasés par les concurrents étrangers.

Il vous viendra naturellement à l'esprit de me demander si une telle organisation donnerait au moins des résultats rémunérateurs. Je me hâte de vous répondre franchement : non. Les bénéfices que vous réaliseriez sur la vente des tissus et filés de coton sont trop peu élevés pour couvrir tous les frais généraux que vous seriez obligés de faire. Pour atteindre un résultat rémunérateur, il faudrait accaparer à peu près le monopole de la vente des tissus et filés de coton, ce qui me paraît plus que problématique, pour ne pas dire impossible.

Les frais généraux seraient cependant couverts et dépassés même, s'il se formait un groupe réunissant différentes industries dont les produits trouvent un écoulement en Indo-Chine.

Je ne vous recommanderai pas cette combinaison, dont la mise en pratique malgré les bons résultats que pourrait donner son application présente de nombreuses et sérieuses difficultés. La situation financière actuelle du marché français ne me paraît pas, en effet, favoriser une émission ou une souscription individuelle des banquiers et capitalistes pour former le capital-argent nécessaire à une telle entreprise et que j'évalue sans exagération à 400,000 francs au moins.

Il me paraît beaucoup plus pratique et beaucoup plus avantageux de se servir des maisons déjà établies et fonctionnant depuis nombre d'années. Les avantages seraient, en effet, considérables. Ces maisons ont une organisation complète, une expérience acquise, des relations établies, une clientèle et des ramifications dans le pays. Il suffirait donc de fabriquer tels quels, ni meilleurs ni plus mauvais, les produits dont je vous apporte les échantillons et dont la vente est courante en Indo-Chine, puis de les expédier en consignation à celle de ces maisons qui vous offrirait le plus de garanties et de sécurité.

Cette maison vendrait vos marchandises à la commission ou en compte à demi, partageant avec vous la différence en plus ou en moins provenant des nécessités du change, de la hausse ou de la baisse.

Les maisons qui sont établies en Indo-Chine n'agiront pas autrement, au début du moins. Lorsque les premiers essais auront donné des résultats satisfaisants, il est probable qu'elles donneront des ordres *ferme*. En attendant il n'y a pas d'autre système que celui-ci : fabriquer les produits dans les conditions que je vous ai indiquées et en expédier un stock suffisant à l'une des maisons que je vais vous signaler, tout en vous donnant confidentiellement le plus ou moins de garanties et le plus ou moins d'aptitudes de chacune d'elles à écouler vos produits.

J'éliminerai tout d'abord les maisons chinoises sans exception aucune, quelque soit le chiffre d'affaires que font certaines d'entr'elles et le grand crédit dont elles jouissent dans les banques. Le Chinois qui fait des affaires a une foule d'associés qui habitent en Chine, et pour lesquels il n'est souvent qu'un homme de paille. Une liquidation dans ces conditions est difficile, longue et dangereuse. Il faudrait avoir constamment sur les lieux un agent qui surveillerait les expéditions et les rentrées.

Quant aux maisons européennes, voici les principales :

La *maison Denis frères*, de Bordeaux, est une des plus anciennes maisons établies dans le pays. Voilà vingt-cinq ans environ que les frères Denis l'ont fondée, et elle jouit de la meilleure réputation. C'est une maison de tout repos. Elle est très-sagement, très-prudemment administrée. Les frères Denis dirigent la maison qui a son siège à Bordeaux, tandis que M. Fonsal dirige la succursale de Saïgon. J'ai eu l'avantage de connaître M. Fonsal. C'est un homme d'affaires très-compétent. Voilà vingt ans qu'il est en Cochinchine.

Dès que les hostilités furent commencées au Tonkin, la maison Denis créa une succursale à Haï-Phong et une autre à Hanoï. Elle fit des opérations de la plus haute importance, car elle fournissait à l'armée le vin et les conserves. Cette maison s'est créée du reste une spécialité dans ces deux articles. Elle possède à Saïgon une usine et exporte de grandes quantités de riz.

La maison allemande, *Speidel et Ce*, fait de très-grandes affaires. Elle est solidement établie et de tout repos également. Elle a une succursale à Haï-Phong et une autre à Pnom-Penh. Ses opérations sont plus variées que celles de la maison Denis, et ses essais pour l'importation des cotonnades semblent avoir donné d'excellents résultats, car elle importe 3,000 balles de cotonnades, dont un bon quart vient sûrement de Rouen.

La *maison Hale* et la *maison Engler*, la première anglaise et l'autre allemande, se trouvent dans les mêmes conditions que la maison Speidel.

M. G. Praire est un Français très-intelligent et très-entreprenant. Il est établi depuis 4 ou 5 ans à Saïgon, où il a créé une maison d'importation. Il s'est tout particulièrement occupé de renseigner nos fabricants sur les tissus qu'il conviendrait d'envoyer là-bas. Il est donc très au courant de la question. Il a, dans ces derniers temps, finalement réussi à placer quelques centaines de pièces de cotonnades françaises.

Le crédit de M. Praire est excellent. Il m'a été particulièrement recommandé par M. Roland, agent de la compagnie des messageries maritimes à Saïgon. A mon avis, il peut vous être de la plus grande utilité pour l'écoulement de vos produits. Il est actuellement en France pour faire ses achats.

M. Fiér est aussi un Français jeune et intelligent et jouissant d'un bon crédit. Il est établi depuis plusieurs années à Saïgon, et a déjà écoulé une certaine quantité de cotonnades françaises, plus particulièrement l'article de Vichy et les indiennes pour robes.

Trois autres Français se sont récemment établis à Saïgon. Ce sont MM. Feret, Paul Beer et Forest.

De M. Feret, je ne dirai pas grand'chose, son entreprise me paraissant être déjà un insuccès. Il était parvenu à avoir la représentation de deux ou trois cents industriels français et avait organisé un comptoir à Saïgon. Le nerf de la guerre, qui est aussi celui du commerce, l'argent, a dû lui faire défaut. Il est rentré en France, voilà quelques mois, et j'ai ouï dire qu'il ne poursuivrait pas son œuvre en Cochinchine. Quelques incidents qui se sont produits à son départ de Saïgon, ont donné naissance à ces bruits et laissé une fâcheuse impression que ne diminuait pas la protection officielle, que le directeur du musée commercial de Saïgon avait cru devoir donner à M. Feret. Le directeur de ce musée avait publié et fait distribuer en France une circulaire recommandant aux fabricants français d'envoyer leurs produits et leurs échantillons à M. Feret. Les négociants de Saïgon sont naturellement mécontents et poursuivent la suppression du musée commercial, qui est d'ailleurs dans un piteux état. M. Constans a rétabli les crédits qui avaient été supprimés. Mais je doute qu'ils soient suffisants pour donner à ce musée une importance quelconque.

M. Forest est l'associé ou le représentant d'une maison de Rouen. Il n'y a que quelques mois qu'il s'est fixé à Saïgon.

Quant à M. Paul Beer, ce n'est pas un inconnu pour vous. Il représente à Saïgon le Syndicat de l'Extrême-Orient présidé par M. de Thiersant.

J'ai fait à Saïgon la connaissance de M. Paul Beer et ai pu me rendre compte de ses efforts et des résultats obtenus. Je trouve qu'il a obtenu des résultats assez satisfaisants, si on considère les conditions dans lesquelles il travaille. Il a ouvert un modeste bureau, suffisant toutefois pour son genre d'affaires, puisqu'il n'a avec lui que des échantillons. A force d'ennuyer le client il obtient de ci, de là, un ordre. Mais ce résultat ne peut servir de base à des affaires régulières et sérieuses. Il lui manque un stock de marchandises et de l'argent. S'il avait l'un et l'autre, je crois qu'avec son esprit de suite et son activité il obtiendrait des résultats importants. Différemment, il ne reste à M. Beer, qu'à économiser sa santé etson temps, et à quitter la Cochinchine sans retard.

J'ai vu M. de Thiersant à Paris, et lui ai fait part de ces impressions. M. de Thiersant m'a dit qu'à l'avenir il lui serait possible de soutenir M. Beer comme il convenait,car le Syndicat de l'Extrême-Orient qui avait été créé sous forme de Société anonyme à un capital variable, n'existe plus. Il est aujourd'hui remplacé par une Société Franco-Chinoise au capital souscrit et versé de 500,000 francs.

La nouvelle, que m'a donné M. de Thiersant, de la formation de cette Société Franco-Chinoise m'a beaucoup intéressé, et il y a grand intérêt pour vous à connaître cette transformation du Syndicat avec lequel vous avez déjà été mis en rapport.

Des Chinois, qui ont une très-grande influence dans le Céleste Empire, sont désireux de faire des affaires avec la France. Ils ont souscrit 250,000 francs d'actions complétement libérées pour la formation de cette Société. Ces 250,000 francs ont été versés dans une maison de banque de Shangaï. M. de Thiersant en possède le reçu. M. de Thiersant a trouvé de son côté 125,000 francs parmi les membres de son Syndicat. Il ne reste donc que 125,000 francs à trouver pour avoir une société anonyme constituée suivant les règlements de la loi de 1867, et dont le capital serait complètement versé. Chaque action libérée est de 1,000 francs.

Il me paraît certain qu'une société organisée dans de telles conditions doit pouvoir prêter un concours puissant pour l'écoulement de nos produits en Chine et en Indo-Chine, et je crois devoir faire ici, Messieurs, une courte digression.

Quelques jours avant mon départ de Saïgon, j'ai reçu de Shangaï la lettre suivante :

HEEMSKER ET C°.
SHANGHAI.

Shanghaï, le 8 Mars 1888

« MONSIEUR GERBIÉ,

« Représentant du Comité Industriel et Commercial de Normandie au Tonkin.

« MONSIEUR,

« Parmi les « Echos de partout » dans le numéro 146 du *Courrier d'Haïphong* nous avons remarqué votre arrivée au Tonkin où vous vous êtes rendu, d'après le journal sus-mentionné, pour vous rendre compte sur place des produits, de la nature des tissus, cotons filés, cotonnades écrues et blanchies, etc., qui s'écoulent le plus facilement dans le pays et renseigner à cet égard les producteurs français.

« Comme vous le savez sans aucun doute, la plus grande place de commerce de l'Extrême-Orient pour les articles de coton et de laine de toutes sortes est Shanghaï. Nous n'ignorons pas que les articles de bonne vente dans les provinces du Sud que vous visitez actuellement sont, à certains égards, différents de ceux ayant le plus grand débouché à Shanghaï, où le climat changeant et extrême exige des fabricants des tissus plus forts pour l'hiver et plus légers pour l'été. Néanmoins, nous pensons que les producteurs français agiraient sagement en étendant jusqu'à Sanghaï la mission qu'il vous ont confiée.

« Il est incontestable que, si un expert comme vous, Monsieur, venait ici pour se rendre compte des tissus consommés en Chine, vous en trouveriez ici comme ailleurs dans lesquels les fabricants français peuvent lutter avec les étrangers. Convaincus de cette vérité, nous nous sommes permis d'aller voir Monsieur le Consul général de France dans notre ville, qui s'est gracieusement mis à notre disposition pour vous faire parvenir la présente. Nous nous sommes également mis en rapport avec le Comité consultatif du commerce français en Chine, qui nous a autorisés à vous écrire sous ses auspices.

« Les maisons françaises établies à Shangaï ne s'occupent pas du commerce des tissus, qu'elles ne connaissent pas. C'est pourquoi, Monsieur, bien que nous ne soyons pas vos compatriotes (nous sommes Hollandais), nous avons pris la liberté de nous adresser à vous. Nous avons une expérience de plus de vingt ans dans le commerce des tissus, nous ne traitons pas seulement avec Manchester et Bradford, mais nous avons aussi établi avec la Suisse et la Hollande des relations d'affaires suivies. Nous avons renseigné les fabricants de ces deux derniers pays sur les qualités, le mode d'emballage, les prix et les saisons de différents articles et ces affaires augmentent d'une manière assez considérable. Nous serions heureux qu'il pût en advenir autant des produits manufacturés français.

« Il y a plusieurs années, nous avons, sur l'invitation de Monsieur le Consul général de France, fait une collection assez complète des différents articles de coton et de laine qui se vendent ici. Mais en même temps, nous avons informé le Représentant de votre pays que nous étions d'avis que des échantillons seuls ne seraient pas de grande valeur pour les fabricants : qu'il faudrait, pour informer ceux-ci de tous les détails relatifs à la qualité elle-même, au mode d'emballage, à la façon de plier les pièces, etc., envoyer des colis entiers, des balles de tissus telles qu'on les vend à Shanghaï. Nous avons ajouté que ce qu'il y avait de mieux à faire, d'après nous, pour arriver à ce résultat pratique, serait d'envoyer ici un expert pour se rendre un compte exact, de visu, de tous ces détails, dont l'inobservation cause des retards, des baisses de prix ou d'autres inconvénients. Il serait impossible de donner par écrit, même par une correspondance continuelle, la description de toutes ces particularités. Par contre, un expert pourrait, en quelques jours, faire la moisson de tous ces détails en s'entretenant avec un négociant bien au courant du commerce des tissus dans l'Extrême-Orient. Nous nous mettons entièrement à votre disposition pour vous renseigner sous ce rapport. Nous croyons sérieusement que de nos entretiens sortiraient des résultats pratiques.

« Dans l'espoir d'avoir bientôt le plaisir de vous lire, nous vous présentons, Monsieur, l'assurance de notre parfaite considération.

« Signé : HEEMSKERK et C°. »

Elle confirme l'espoir que manifeste M. de Thiersant de pouvoir écouler vos produits en Chine, où cependant ils ne sont pas protégés comme en Indo-Chine.

Depuis quelque temps, nos consuls signalent que les cotonnades françaises seraient appréciées, malgré la différence de prix avec les produits anglais ou autres. Elles trouveraient un écoulement important, car leur supériorité est reconnue ; mais il serait nécessaire, ajoutent-ils, qu'elles aient une largeur minima de 80 centimètres, les vêtements se faisant d'une seule pièce, sans autre couture que la couture longitudinale des manches.

Je ne voudrais pas vous berner de vaines illusions. Aussi, je me permets de faire mes réserves quant à cette importance des débouchés en Chine pour vos cotonnades.

Je considère cependant que vous avez là une occasion favorable de trouver l'organisation que vous cherchez, et je vous engage à entamer de nouveaux pourparlers avec M. de Thiersant. Ce dernier cherche actuellement à parfaire son capital. Le jour où il aura sa Société, formée au capital de 500,000 francs, il n'aura pas besoin de solliciter l'appui des industriels et de leur demander des marchandises. Ceux-là auront, au contraire, besoin de lui pour l'écoulement de leurs produits. Selon moi, les industriels dont les produits trouveraient un placement en Extrême-Orient agiraient donc sagement en souscrivant la différence. Ils éloigneraient ainsi les industriels fabricant les mêmes produits qu'eux et qui auraient recours à la Société franco-chinoise.

Au Cambodge, il n'y a que la maison Maro et la maison Speidel. Je mentionnerai seulement l'établissement de M. Leriche, tout récemment créé.

La maison Maro fait toutes ses affaires avec la France, à Rouen principalement. Je crois bien que la maison Chartier est la commissionnaire de M. Maro.

Au Tonkin, les principales maisons établies sont celles de MM. Roques, Denis frères, Ulysse Pila et Cᵉ, Bleton, Marty et d'Abbadie, Renaud, à Haï-Phong et celles de MM. Bourgoin, Mesfre, Denis frères, Vibaud, à Hanoï.

La *maison Roques* est la plus ancienne. Elle a des capitaux considérables, et son crédit est de premier ordre. Le concours d'une telle maison serait précieux, à coup sûr. Mais elle m'a paru vouloir simplement continuer le genre d'affaires auxquel elle se livre et qui lui a valu la fortune. Cette maison ne me paraît pas avoir, en raison même de sa situation acquise, le même esprit d'entreprise que des maisons moins importantes et qui veulent réussir.

La *maison Ulysse Pila et Cᵒ*, de Shanghaï, a créé une succursale à Haï-Phong. Elle s'est occupée surtout d'entreprises de travaux publics; et je me suis laissé dire qu'elle avait moins d'aptitudes pour les affaires commerciales proprement dites. Elle jouit néanmoins d'un excellent crédit et possède un steamer de 1,800 tonneaux qui fait régulièrement le service entre Hong-Kong et Haï-Phong.

MM. Marty et d'Abbadie sont les concessionnaires des Messageries Fluviales du Tonkin. Grâce à la nouvelle subvention de 250,000 francs que M. Constans leur a donnée tout dernièrement, leurs moyens de transport vont être doublés. Cette maison, qui a son siège principal à Hong-Kong, serait très en mesure d'écouler avantageusement les cotonnades dans toutes les parties du pays. Son crédit est aussi excellent, et MM. Marty et d'Abbadie sont jeunes, actifs et intelligents.

M. Marty, qui habite principalement Hong-Kong, tandis que son associé réside à Haï-Phong, est actuellement en France pour plusieurs mois. Il s'est longtemps occupé de l'importation des cotonnades en Chine et est très au courant des besoins du pays. Quoiqu'il soit peu disposé à faire de nouveaux efforts, j'espère pouvoir le mettre en rapport avec vous.

M. Renaud tient une grande maison de détail. Il a de l'argent et soumissionne pour les fournitures de l'armée. Il a importé de ce fait une grande quantité de cotonnades françaises écrues et blanchies qu'il fait confectionner chez lui. M. Renaud fait beaucoup d'affaires. Il jouit d'un excellent crédit. Malheureusement, il fait trop de crédit, et une grande partie de son argent reste exposé et improductif.

M. Bleton est établi à Hai-Phong depuis plusieurs années. Il y a parfaitement réussi. Jusqu'à ce jour, il ne s'est occupé que des conserves alimentaires, des vins et liqueurs. Mais il est tout disposé à ajouter l'article cotonnade à ses autres produits. M. *Bleton* a 36 ou 38 ans. Il est très intelligent, très actif, et il surveille de près ses affaires. Ses fils sont ses employés.

M. Bleton a pour commissionnaire à Paris, M. Fould, président de la Compagnie des Chargeurs-Réunis, et c'est de lui qu'il se recommande. Il ne voudrait pas, d'ailleurs, tenter d'affaires avec vous autrement que par l'intermédiaire de M. Fould, qui serait ainsi son correspondant.

M. Bourgoin établi à Hanoï importe beaucoup de tissus pour fournitures militaires. Son beau-frère, M. Meifre, est son commissionnaire à Paris. M. Bourgoin est un travailleur infatigable et jouit d'un crédit de premier ordre.

Toutes les maisons que je viens de passer en revue désireraient introduire les cotonnades françaises, mais seulement dans les conditions que je vous ai indiquées. Elles accepteraient des consignations. Quant à donner des ordres *ferme*, elles ne s'y décideront pas de quelque temps encore.

C'est ce qui fait, Messieurs, que ma mission n'a pas été aussi rémunératrice que je l'aurais désiré pour vous et pour moi. Nos espérances communes ont été déçues, et j'ai dû me borner à un voyage d'études. Sous ce rapport, je reviens au milieu de vous avec la conviction d'avoir fait une étude consciencieuse de la question qui a motivé ma mission, et d'avoir consacré tous mes efforts à justifier la confiance que vous aviez placée en moi.

FRÉDÉRIC GERBIÉ.

Tableau annexe n° 2.

TABLEAU

DES

IMPORTATIONS & DES EXPORTATIONS

DU PORT DE SAIGON

par Navires au long cours pendant l'année 1886

TABLEAU COMPARATIF DES IMPORTATIONS ET DES EXPORTATIONS

PAR NAVIRES AU LONG COURS PENDANT LES CINQ DERNIÈRES ANNÉES

			1886	1885	1884	1883	1882
Importation. —	Marchandises et produits divers....	$	15.082.819	13.067.293	13.772.973	12.287.020	9.224.735
Exportation	Marchandises et produits divers....	$	2.663.039	3.813.708	3.565.552	3.611.010	3.045.148
Exportation	Riz et paddy..................	$	12.505.940	11.034.890	11.987.495	12.326.842	8.767.267
TOTAUX................................		$	30.251.795	27.915.891	29.326.020	28.224.872	21.037.150
EXPORTATION.— Riz et Paddy.— Quantité de Piculs.			7.915.871	7.501.874	8.580.144	8.648.243	6.075.810

NOTA. — Les Importations et les Exportations par jonques chinoises et barques de mer annamites figureront seulement dans le relevé général des statistiques commerciales de l'année qui seront publiées ultérieurement.

IMPORTATIONS

DÉSIGNATION DES MARCHANDISES	PROVENANCES						TOTAUX par espèce de MARCHANDISES
	FRANCE — Valeur en PIASTRES	PORTS D'EUROPE — Valeur en PIASTRES	SINGAPORE — Valeur en PIASTRES	CHINE — Valeur en PIASTRES	ANNAM & TONKIN — Valeur en PIASTRES	DIVERSES — Valeur en PIASTRES	— Valeur en PIASTRES
Monnaies et métaux précieux — Argent	4.727.464	»	72.500	717.843	286.976	»	5.804.783
Monnaies et métaux précieux — Or en feuilles	»	»	»	427.208	»	»	427.208
Allumettes	»	195	27.054	52.260	»	»	79.509
Amidon	774	»	»	»	3.603	»	4.377
Animaux vivants — Moutons	»	»	»	5.461	»	»	5.461
Animaux vivants — Chevaux	»	»	»	»	1.715	150	5.969
Armes, accessoires et projectiles	4.492	1.195	14	218	50	»	1.865
Articles de chasse	231	305	25	»	»	»	561
Articles de Chine — Eventails	»	»	»	7.319	»	»	7.319
Articles de Chine — Incrustations	»	»	580	213.438	1.957	»	215.975
Articles de Chine — Laqués	»	»	100	19.741	14.415	»	34.256
Articles de Chine — Peignes	»	»	»	10.115	»	»	10.115
Articles de Paris	38.247	100	»	»	40	»	38.387
Bijouterie	10.300	500	3.065	845	»	755	15.465
Bois et bambous ouvrés	1.951	919	4.695	91.103	5.555	»	104.223
Bouchons	5.259	590	»	»	»	»	5.849
Bougies	22.407	485	1.205	6.367	»	»	30.464
Briques, carreaux et tuiles	8.815	705	600	363	»	»	10.483
Caisses et paniers vides	»	»	1.211	3.411	95	»	4.717
Comestibles et Salaisons — Provisions	3.109	2.334	3.543	326	1.113	1.115	11.540
Comestibles et Salaisons — Comestibles divers	24.056	1.275	11.376	136.912	565	895	175.079
Comestibles et Salaisons — Champignons	150	»	»	1.862	»	»	2.012
Comestibles et Salaisons — Conserves	64.962	1.918	11.535	8.339	555	55	87.364
Comestibles et Salaisons — Fruits divers	4.036	»	10.023	123.506	»	»	137.565
Comestibles et Salaisons — Légumes divers	1.321	»	4.776	148.075	1.010	»	155.182
Comestibles et Salaisons — Pâtes alimentaires	2.713	»	»	70.158	1.240	»	74.111
Comestibles et Salaisons — Pois	»	»	»	338	6.149	»	6.487
Comestibles et Salaisons — Poissons salés	40	»	83	23.625	145	»	23.893
Comestibles et Salaisons — Sauces	»	»	»	1.327	»	»	1.327
Café	»	8	10.285	665	»	337	11.295
Canelle	[illegible]	[illegible]	[illegible]	[illegible]	5.335	»	5.335
Ciment	110.623	»	5.260	4.698	»	»	120.281
Cire	250	»	16.710	5 341	50	»	22.351
Chanvre	205	»	100	32,314	»	»	32.619
Cheveux	»	»	»	320	»	»	320
Charbon de terre et coke	»	80.140	»	226	402	5.017	85.785
Coaltar, goudron	815	995	700	»	»	»	2.510
Colle de poisson	»	»	»	23.266	»	»	23.266
Cordages toile et fil à voile	26.290	9.308	36.806	47.050	225	1.087	120.766
Cornes	»	»	»	275	3.399	»	3.674
Cuir	3.815	»	2.350	5.014	»	»	11.179
Chaux	16.980	»	730	190	1.800	»	19.700
Drogueries et produits chimiques	36.923	894	9.188	235.060	480	300	282.845
Eaux minérales	12.032	»	40	115	»	»	12.187
Emballages vides	»	»	53	986	»	»	1.039
Farines et fécule	»	»	»	»	3.756	»	3.756
Farine de blé, en sacs	»	»	»	171.072	»	»	171.072
Farine de blé, en barils	20.579	5	1.785	»	»	»	22.369
Ficelle	826	»	15.586	17.770	»	»	34.182
Gambier	»	»	36.237	»	»	»	36.237
Graines diverses	916	»	6.202	2.469	»	»	9.587
Graisses diverses	»	»	»	550	»	»	550
Gunnies	»	»	48.710	105.515	150	»	154.375
Horlorgerie	5.843	1.230	»	16.096	»	»	23.169
Huiles diverses	18.943	1.815	25.186	23.551	6.178	4.659	80.332
Huiles de pétrole	»	»	»	95.500	»	366.500	462.000
Instruments de pesage et accessoires	590	175	»	»	»	»	765
Indigo	»	»	16.520	40.123	»	460	57.103
Joss stiks	»	»	»	120.818	»	»	120.818
Lampisterie	8.020	1.590	1.275	70.511	»	»	81.396
Librairie et papeterie	63.251	21.500	3.067	535.354	8.951	»	632.123
Lingerie et mercerie	15.949	»	6.075	29.539	»	»	51.563
Métaux — Acier	1.871	3.711	2.438	207	»	»	8.227
Métaux — Cuivre doré	11.852	347	11.982	181.521	195	»	205.897
Métaux — Etain et plomb	2.305	30	4.241	855	»	»	7.431
Métaux — Ferronnerie	76.227	82.756	15.288	24.346	82	»	198.699
Métaux — Fers divers	39.957	174.359	40.948	63.046	125	»	318.435
Métaux — Pointes et clous	2.191	5.322	12.244	2.745	»	»	22.502
Métaux — Zinc	475	6.810	10.830	560	»	»	24.675
A reporter	5.398.055	401.516	493.221	3.927.828	356.311	381.330	10.963.961

IMPORTATIONS (suite)

DÉSIGNATION DES MARCHANDISES	PROVENANCES: FRANCE — Valeur en PIASTRES	PORTS D'EUROPE — Valeur en PIASTRES	SINGAPORE — Valeur en PIASTRES	CHINE — Valeur en PIASTRES	ANNAM & TONKIN — Valeur en PIASTRES	DIVERSES — Valeur en PIASTRES	TOTAUX par espèce de MARCHANDISES — Valeur en PIASTRES
Report	5.399 055	401 516	493.221	3.927.828	356.811	381.330	10.963.961
Machines, matériel de pont, bassin et accessoires	97.816	98.997	2.710	5.023	450	500	205.496
Marchandises diverses	136.751	22.080	376.719	192.575	272.025	2.718	1.002.868
Nattes	40	»	713	29.117	»	»	29.930
Noix d'arec	»	»	119.294	3.400	442	»	123.136
Nuoc mam	»	»	»	»	»	»	»
Opium	220	»	»	6.750	»	495.978	502.948
Orge	145	»	»	»	»	»	145
Parapluies et ombrelles	8.592	500	16.552	7.955	»	»	33.599
Parfumerie	21.742	280	20	266	»	»	22.308
Peaux d'animaux	1.100	»	14.030	90	20.017	»	35.327
Peintures, huiles de lin, essences	18.436	8.307	14.382	8.029	»	»	49.154
Pétards et artifices	»	»	»	107.652	»	»	107.652
Planches et chevrons	1.350	15	20.806	31.119	2.337	3.565	59.192
Poivre	»	»	1.600	565	»	»	2.165
Porcelaines et faïences	15.810	120	3.492	22.000	200	»	41.622
Poteries diverses	505	1.260	1.875	115.428	»	»	119.068
Rotins	»	»	10.177	2.420	»	»	12.597
Sagou	»	»	9.627	58	»	»	9.685
Savon	19.079	2.015	2.588	3.611	»	50	27.343
Sel	»	»	»	»	»	»	»
Sellerie, harnachements	6.155	120	170	»	»	»	6.445
Soies grèges	»	»	5.210	»	133.400	»	138.610
Soieries diverses	860	»	2.980	2.042.411	155.408	»	2.201.659
Sucres divers	17.057	4.355	12.457	330.294	105.609	»	469.772
Tabacs	24.692	40.035	11.185	96.401	1.470	4.797	178.580
Tissus — cotonnades	14.292	1.550	1.710.460	181.833	»	150	1.908.285
Tissus — tissus divers	45.001	4.468	154.347	18.289	670	150	222.925
Thé	»	»	555	542.828	740	»	544.123
Tourteaux	»	»	»	34.085	415	»	34.500
Verreries et cristaux	26.411	4.645	7.698	27.851	»	»	66.605
Vêtements et effets	17.075	2.215	351.246	410.300	266	1.085	783.087
Vins et spiritueux — absinthe	36.397	»	»	»	»	»	36.397
Vins et spiritueux — bières	17.551	8.835	38.899	30.263	360	»	95.908
Vins et spiritueux — bitter	19 520	»	135	35	»	»	19.690
Vins et spiritueux — champagne en caisses	12.291	»	»	»	»	»	12.291
Vins et spiritueux — liqueurs et spiritueux en caisses	83.728	2.175	2.231	7.794	40	»	95.968
Vins et spiritueux — liqueurs et spiritueux en fûts	11.197	465	5.614	2.724	4.450	»	24.450
Vins et spiritueux — sirops	221	80	150	200	»	»	651
Vins et spiritueux — vermouth	13.456	»	»	»	»	»	13.456
Vins et spiritueux — vins en fûts	616.632	100	2.030	430	4.200	15	623.542
Vins et spiritueux — vins en caisses	45.891	3.290	6.890	2.505	300	»	58.876
Vins et spiritueux — vinaigre	5.792	»	»	3.047	»	»	8.839
Vins et spiritueux — cham-chou	»	»	»	37.378	»	»	37.378
Totaux des valeurs importées pour … le commerce	6.734.760	607.423	3.406.063	8.232.614	1.059.200	890.473	20.930.533
Totaux des valeurs importées pour … l'Etat suiv. détail d'autre part	8.240.398	»	»	»	»	»	8.240.398
Totaux généraux des valeurs importées	14.975.158	607.423	3.406.063	8.232.614	1.059.200	890.473	20.170.931
Déduction des import. de monnaies et métaux précieux	12.583.588	»	72.500	1.145.051	286.976	»	14.088.1 5
Valeur nette des marchandises importées en 1886	2.391.570	607.423	3.333.563	7.087.563	772.224	890.473	15.082.8'6

EXPORTATIONS DE RIZ ET PADDY

DESTINATIONS	RIZ CARGO — Quantité de PICULS	RIZ CARGO — Valeur en PIASTRES	RIZ BLANC — Quantité de PICULS	RIZ BLANC — Valeur en PIASTRES	PADDY — Quantité de PICULS	PADDY — Valeur en PIASTRES	TOTAUX — Quantité de PICULS	TOTAUX — Valeur en PIASTRES
France — Ports	»	»	825	2.097	»	»	825	2.097
France — Colonies	»	»	»	»	»	»	»	»
Europe — Ports d'ordre	»	»	»	»	»	»	»	»
Europe — Autres ports	»	»	»	»	3	4	3	4
Amérique	»	»	»	»	»	»	»	»
Indes néerlandaises	»	»	26	64	»	»	26	64
Etablissements du détroit (Singapore)	25.204	39.401	171	456	4.635	6.323	30.010	46.180
Iles Philippines	343.947	545.550	81.335	191.980	1.033	1.549	426.315	739.079
Chine — Hongkong	4.236.521	6.847.108	1.944	5.483	3.089.381	4.654.556	7.327.846	11.507.147
Chine — Autres ports	71.732	113.770	9.888	5.664	23.871	34.667	97.491	154.101
Annam	12.795	20.202	298	21.942	11.222	14.925	33.315	57.159
Indes anglaises	»	»	40	109	»	»	40	109
Japon	»	»	»	»	»	»	»	»
Totaux des exportations de riz et paddy	4.690.199	7.566.121	95.527	227.795	3.130.145	4.712.024	7.915.871	12.505.940

EXPORTATIONS DE MARCHANDISES DIVERSES

DÉSIGNATION DES MARCHANDISES	ESPÈCE DE L'UNITÉ	DESTINATIONS: FRANCE Quantité	FRANCE Valeur en piastres	PORTS D'EUROPE Quantité	PORTS D'EUROPE Valeur en piastres	SINGAPORE Quantité	SINGAPORE Valeur en piastres	CHINE Quantité	CHINE Valeur en piastres	ANNAM ET TONKIN Quantité	ANNAM ET TONKIN Valeur en piastres	DIVERSES Quantité	DIVERSES Valeur en piastres	TOTAUX par espèces de marchandises Quantité	TOTAUX Valeur en piastres
Métaux précieux: Argent	Piastres	»	1.179	»	»	»	1.032.820	»	1.203.330	»	2.160.778	»	137.150	»	4.535.257
Métaux précieux: Sapèques	id.	»	»	»	»	»	»	»	»	»	225.134	»	»	»	225.134
Animaux vivants: Porcs	Nombre	»	»	»	»	7.207	59 340	»	»	»	»	»	»	7.207	59.340
Animaux vivants: Volailles	Douzaine	»	»	»	»	345	382	»	»	»	»	1	10	346	392
Bois de teinture	Picul	99	60	»	»	»	»	»	»	»	»	»	»	99	60
Bois de construction et d'ébénisterie	id.	2	71	»	»	8	60	4.968	10.260	794	1.501	»	»	5.772	11.892
Brisures de riz	id.	540	970	»	»	»	»	25.990	25.015	»	»	»	»	26.530	25.985
Cardamomes	id.	»	»	»	»	»	«	7	800	2	22	»	»	9	822
Caviar	id.	»	»	»	»	2.627	7.410	»	»	»	»	»	»	2.627	7.410
Colle de poisson	id.	17	820	22	1.940	15	1.085	13	1.360	»	»	»	»	67	5.205
Coprah	id.	9.784	42.678	»	»	19.129	82.920	»	»	»	»	»	»	28.913	125.598
Coton: non égrené	id.	»	»	»	»	455	1.820	5.658	24.010	368	2.290	»	»	6.481	28.120
Coton: égrené	id.	»	»	»	»	»	»	»	»	»	»	»	»	»	»
Cornes d'animaux	id.	321	5.035	»	»	898	13.620	1	25	»	»	»	»	1.220	18.680
Crevettes sèches	id.	»	»	»	»	428	7.580	51	1.283	»	»	»	»	479	8.863
Farine de riz	id.	»	»	»	»	6	15	69.658	63.745	65	67	1	1	69.730	63.828
Fruits frais et secs	Colis	»	»	»	»	3	15	21	220	3	50	6	30	33	315
Gomme-gutte	Picul	13	910	77	4.013	26	1.530	»	»	»	»	10	500	126	6.953
Gomme-Laque	id.	»	»	»	»	»	»	»	»	»	»	»	»	»	»
Graines diverses	id.	»	»	»	»	235	890	2.693	12.360	7	170	»	»	2.935	13.420
Graisses de poisson	id.	6.640	21.270	»	»	»	»	»	»	»	»	»	»	6.640	21.270
Graisse de porc	id.	25	250	»	»	7.427	73.715	»	»	12	120	,	»	7.464	74.085
Huiles div (coco, arachides, etc.)	id.	»	»	»	»	395	5.240	»	»	37	698	»	»	432	5.938
Indigo	id.	»	»	»	»	»	»	»	»	»	»	»	»	»	»
Ivoire (défenses d'éléphant)	id.	»	»	»	»	7	2.270	1	200	»	»	»	»	8	2.470
Légumes secs et verts	id.	»	»	»	»	11.303	30.510	1.665	5.090	117	480	747	1.975	13.832	38.055
Médecines chinoises	id.	»	»	»	»	439	4.375	1.355	14.845	415	8.630	»	»	2.209	27.850
Marchandises diverses	Colis	190	15.035	20	20	625	8.661	2.286	8.870	2.889	34.139	2.024	910	8.034	71.155
Peaux d'animaux	Picul	1.446	24.278	2.089	2.089	6.550	103.845	258	4.185	»	»	75	1.500	10.418	165.443
Plumes et peaux d'oiseaux	id.	»	»	»	»	»	»	4	700	»	»	»	»	4	700
Poissons secs et salés	id.	»	»	»	»	82.637	386.770	45.333	217.890	4	20	9.574	44.900	137.548	649.580
Poivre noir	id.	9	180	»	»	1.842	33.400	45	5.840	62	1.295	»	»	1.958	40.715
Savon	id.	»	»	»	»	3	60	»	»	496	3.735	»	»	499	3.795
Sacs et nattes en paille	Nombre	499	1.220	»	»	19.112	7.945	»	»	11	445	12.200	1.060	31.722	10.670
Sel	Picul	»	»	»	»	53.390	12.610	3.400	550	1	20	1.300	200	58.091	13.380
Semences plantes	Colis	18	370	»	»	»	»	»	»	»	»	1	10	19	380
Soies: Déchets de soie	Picul	1.083	72.375	»	»	11	765	»	»	»	»	»	»	1.094	73.140
Soies: Soie grège	id.	13	6.675	»	»	321	87.990	21	5.010	1	200	»	»	256	99.875
Soies: Soieries	Colis	1	500	»	»	1	100	»	»	»	»	»	»	2	600
Sucre	Picul	»	»	»	»	»	»	»	»	»	»	»	»	»	»
Tabac annamite	id.	»	»	»	»	149	1.815	»	»	223	2.942	»	»	372	4.757
Textiles (Divers)	id.	153	11.915	»	»	»	»	»	»	6	20	»	»	159	11.935
Vanille	Caisse	»	»	»	»	»	»	»	»	»	»	»	»	»	»
Réexportation: Européennes: Marchandises div.	Colis	38	4.845	1	100	287	9.947	1.109	9.510	4.998	270.896	30	1.345	6.463	296.643
Réexportation: Européennes: Cotonnades	id.	»	»	»	»	7	820	»	»	764	162.818	»	»	771	163.638
Réexportation: Asiatiques: Marchandises diverses	id.	67	510	»	»	»	400	558	1.875	6.769	103.294	»	»	7.394	106.079
Réexportation: Asiatiques: Chinoiseries, incrustat.	id.	192	17.165	11	1.400	4	125	»	»	9	530	»	»	216	19.220
Provisions diverses	id.	1	40	»	»	301	8.585	»	»	180	3.336	»	»	482	11.961
Totaux des valeurs exportées pour le commerce			228.351		42.628		1.989.435		1.616.973		2.983.630		189.591		7.050.608
Totaux des valeurs exportées pour l'État suivant détail d'autre part			»		»		»		»		9.492.839		»		9.492.839
Totaux des valeurs exportées			228.351		42.628		1.989.435		1.616.973		12.476.469		189.591		16.543.447
Déduction des monnaies expédiées			1.179		»		1.032.820		1.203.330		11.505.929		137.150		13.880.408
Valeur nette des marchandises exportées en 1886			227.172		42.628		956.615		413.643		070.540		52.441		2.663.839

www.ingramcontent.com/pod-product-compliance
Ingram Content Group UK Ltd.
Pitfield, Milton Keynes, MK11 3LW, UK
UKHW020322250726
13967UKWH00004B/1813